語り継ぐ横浜海軍航空隊

大島幹雄著　有隣堂発行　有隣新書――82

横浜海軍航空隊隊門と桜並木
浜空会発行『会員名簿（海軍飛行艇会）　昭和63年10月』より

《目　次》

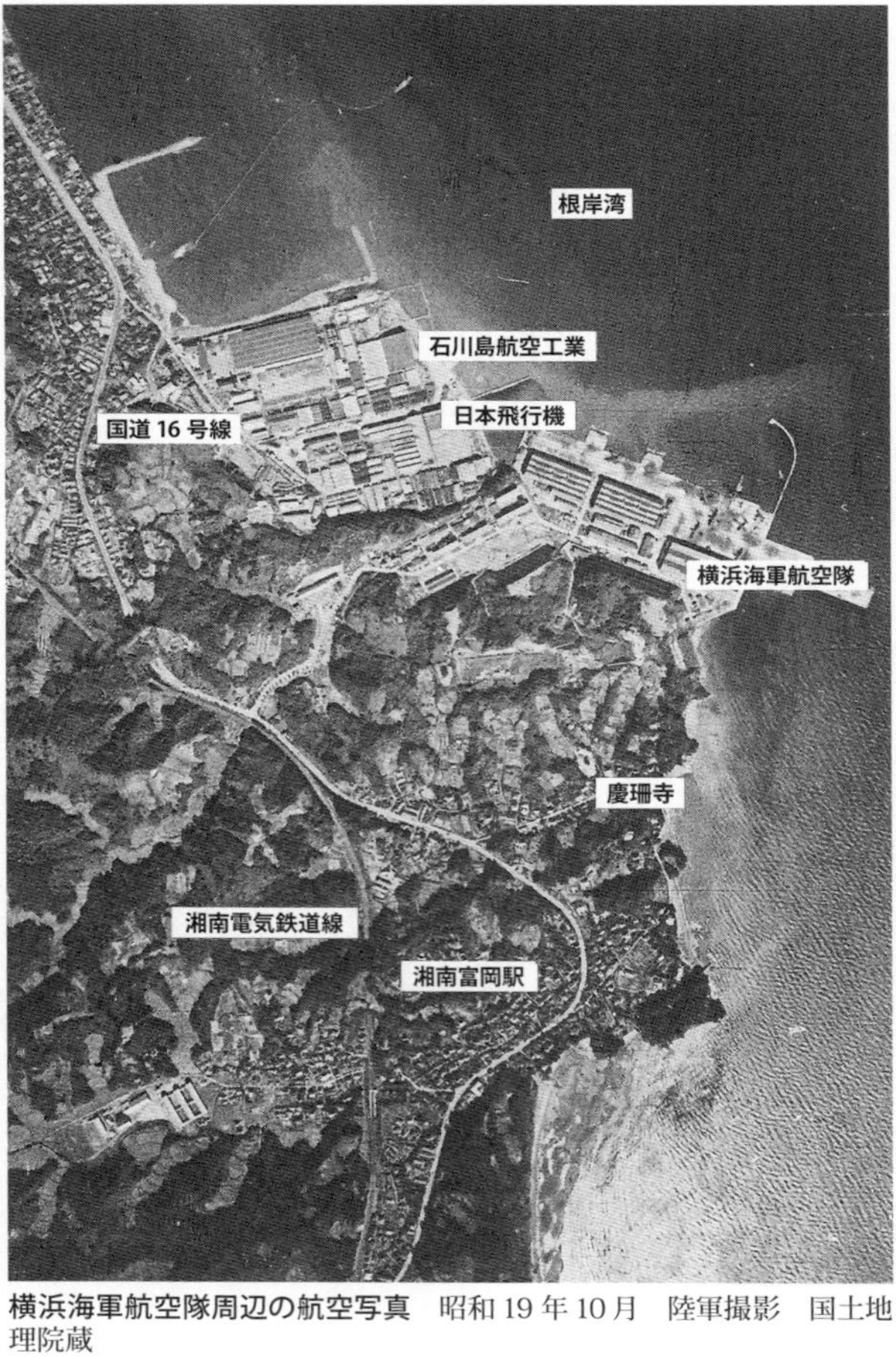

横浜海軍航空隊周辺の航空写真　昭和 19 年 10 月　陸軍撮影　国土地理院蔵

序　章　桜の由来

「浜空神社の由来」碑（左）と「桜の由来」碑（右）

横浜市金沢区富岡に住むようになってから三十年以上になる。子供たちがまだ小さかった頃、一番よく散歩にでかけたのは富岡総合公園であった。小高い丘の上にはアーチェリー場やテニスコートがあり、週末になるとたくさんの人たちが集まっていた。見晴らし広場からは海が見渡され、遠くにランドマークタワーも望むことができた。この公園がいちばん賑わうのは桜の季節である。桜並木のあちこちに屋台が立ち並び、桜の木の下にいくつもの円座ができ、桜の花びらが舞い散るなか、花見客は酒を酌み交わしている。いつのことだったかははっきりと覚えていないのだが、桜が満開の日曜日に、花見客でにぎわう一画から少し離れたところで、花見客とは明らかにちがう集団と出くわした。あれは何だったのか気になり、翌週の週末ジョギングの途中にそこに寄って、中に入ってみた。細長い参道のような道を進むと、小さな碑が建っていた。そこには富岡総合公園の桜の由来が刻まれていた。

　桜の由来

この桜は昭和十一年十月横浜海軍航空隊が
この地に開隊された時隊員の手で植樹され
大切に育てられたものである。
　年々歳々花変らねど
　征きて還らぬ戦友多かりき

横浜海軍航空隊、略称は浜空《はまくう》。海軍といえば横須賀。横浜に海軍があった？　しかも航空隊。「桜の由来」の碑の左には「浜空神社の由来」という碑があり、かつてここに神社があったこと、そして飛行艇の一大基地があったことを教えてくれる。

　昭和十一年十月一日飛行艇隊の主力として横浜海軍航空隊が当
地に開設されたその守護神として造営されたのがこの浜空神社
である　昭和二十年八月十五日大東亜戦争終結後当航空隊跡地は

横浜市富岡総合公園として生れ変わったのである
（中略）
横浜航空隊は浜空神社を中心とした広大な陸上の敷地と現在埋立てられた根岸湾に水上の飛行艇発着場を専有していた隊員約一千名大型飛行艇二十四機を有する海軍最大の飛行艇専門航空隊としてその威容を誇ったものである　今なお隊門附近の桜並木と飛行艇大格納庫が当時を偲ぶ面影を残し訪れる者に静かに語りかけてくれる
（後略）

ここに海軍の基地、しかも飛行艇の基地があったとは……。富岡に住んで三十年以上になるが知らなかった。これが横浜海軍航空隊、略称は浜空《はまくう》との最初の出会いだった。

それから数年後の平成二十六年（二〇一四）三月末のことである。新聞に折り込まれていた『タウンニュース』という地域紙を読んでいると、四月第一週の日曜日に浜空神社跡で横浜海軍航空隊の戦没者を偲ぶ浜空慰霊祭が開かれるという記事が目に入った。いつか花見の時に目にしたのは、この慰霊祭だったのかと思いながら、紙面を見ていくと、この慰霊祭の主催者である浜空会世話人代表の加藤亀雄氏のインタビュー記事も掲載されていた。このコメントを読んでいるうちに、浜空のことが気になりはじめた。かつて横浜に航空隊があり、しかも飛行艇の部隊だった、それも富岡に……。

数か月後、私は逗子にある加藤氏のお宅に伺い、話を聞かせてもらうことになる。そこで毎年十二月三十日に慰霊碑の大掃除をして正月飾りをすることを知った。この年の十二月三十日私は慰霊碑にでかけた。加藤氏はすでに帰られたあとだったが、掃除や飾りつけを終えた四人の方が碑の前にテーブルと椅子をだして一杯やっていた。横浜海軍航空隊の元隊員ではないが予科練出身のおふたりと、掃除のボランティアとして参加している中年の男性おふたりだった。浜空のことを調べようかと思っているのですが、と自己紹介すると、すぐに紙コップが出され、酒が注がれた。

この時この酒を飲み干し、四人のお話を聞きながら、杯を重ね始めたとき、浜空が一挙に近い存在になった。

この日から私は浜空のことを追いかけることになった。さまざまな人たちと会って話を聞かせてもらったり、現在も残る遺構を見に行ったりするなかで、浜空のことを多くの人たちに伝えなければいけないと思うようになった。なによりいま自分が住んでいるこの富岡に飛行艇基地があり、ここから南洋に向かった多くの兵士たちが戦争で命を落としていたことを、そして富岡が南洋とつながっていた戦地であったことを知ってもらいたいのだ。

第一章　飛行艇の海

『紅の豚』と飛行艇時代

浜空神社の由来の碑には「飛行艇大格納庫が当時を偲ぶ面影を残し訪れる者に静かに語りかけてくれる」とあるが、この格納庫がいまは神奈川県警察第一機動隊の車庫となっていた。全長一七〇メートルほどの巨大なかまぼこ形の倉庫のような建物の脇を自分はよく走っていた。まさかここが飛行艇の格納庫だったとは思わなかった。戦後、周辺はすっかり埋め立てられ、いまは南部市場や工業団地になっているが、それまでは海であり、戦前・戦中は飛行艇が滑走していたのである。

飛行艇というと、宮崎駿監督の映画『紅の豚』を思い出す人がいるかもしれない。平成四年（一九九二）に公開され、大ヒットしたこの映画は、アドリア海を舞台に略奪や誘拐など悪行を重ねていた空賊（空中海賊）を相手に賞金稼ぎをする、ブタの姿をした飛行艇パイロット、ポルコ・ロッソを主人公とした物語である。この映画の原作は宮崎駿著『飛行艇時代』で、世界的不況の中でくいつめたパイロットたちが、空賊となってアドリア海からエーゲ海一帯を荒しまわっていた一九二〇年代末、ヨーロッパの空に飛行艇が飛び交っていた時代の物語である。飛行機好きで知られる宮崎駿は、この映画でさまざまな色や形をした飛行艇が大空を飛び交い、海を滑走する場面を描いている、このシーンはこの時代が「飛行艇時代」だったことを見事に

富岡総合公園側から見たかつての格納庫

物語っていた。

『紅の豚』のクライマックスはアメリカ製のカーチスR3C―0機とポルコの愛機サボイアS21機の戦闘シーンであるが、飛行艇は本来戦闘より別の大事な使命を帯びていた。哨戒と偵察である。そのためにはなによりも長い距離を飛ぶことが必要とされた。これを最初に日本で実現したのが、九七《きゅうなな》式飛行艇（九七式大艇・九七大艇）であった。

富岡の飛行艇基地は、この九七式飛行艇の誕生と共にあったといってもいいだろう。

日本の飛行艇時代

『紅の豚』の舞台は昭和四年（一九二九）ということになっている。日本が本格的に飛行艇づくりに着手したのは、まさにこの年であった。この前年に海軍の指定工場となった神戸の川西航空機（新明和工業の前身）に課せられた大きな任務は、大型飛行艇を開発製造することだった。そのためには海外の技術を取り入れ、それをもとに独自の飛行艇をつくることしかなかった。海軍と川西が最初に目をつけたのは、飛行艇製作に関してはナンバーワンの呼び声が高かった英国のショート・ブラザーズ（ショート社）であった。川西はショート社と「カルカッタ」十五人乗り旅客飛行艇の製造権と技術導入の契約を結んだ。それと共に、このカルカッタを土台にした、軍用飛行艇ＫＦ型の設計製作を依頼し、関口英二ら三人の技術者を派遣した。海軍も橋口義雄造兵少佐を監督官として派遣している。橋口をのちに川西に入社させ設計指導させるための布石でもあった。

　昭和六年（一九三一）二月に神戸に着いたＫＦ型飛行艇は、ショート社から派遣されたイギリス人技師と関口ら派遣された技師たちによって組み立てられ、四月に完成した。全幅三十一メートル、全長二十・五メートル、全高八メートル、巡航速度時速二〇一キロの飛行艇が、六月に海軍に引き渡され、昭和七年十月、九〇《きゆうまる》式二号飛行艇として制式採用（軍の装備として採用されること）となった。ロンドン・ワシントン軍縮会議の後、艦艇保有を制限され、滑走路や空母を必要としない大型飛行艇の開発を迫られていた海軍の指示で、川西は次の大型飛行艇の研究開発を進める。そこから九七式飛行艇、さらには飛行艇としては最高傑作と呼ばれた二式飛行艇（二式大艇）が誕生する。

九七式飛行艇　新明和工業株式会社提供

九七式飛行艇の誕生

昭和十一年（一九三六）七月十四日、設計開始から二年半をかけて開発が進められていた九試大型飛行艇が完成したという報を聞いた海軍航空本部長山本五十六は、多忙のなか川西航空機の本社がある兵庫に向かい、武庫川尻の海に機体を浮かべていた飛行艇を視察、関係者を労った。山本の喜ぶようすを見て、飛行艇開発を進めてきたスタッフや海軍関係者は感動していた。七月二十五日最初の試験飛行が行われた。

海軍は川西に対して、九人の乗員と必要な装備を積んで、巡航速度時速二二〇キロで航続距離四六二五キロ以上、最高速度二九六キロ以上、上昇力は三〇〇〇メートルまで十五分以内、航空魚雷二本を搭載という要求をだしていた。これに対して川西側は、関口英二と菊原静男を中心としたスタッフが研究と実験を繰返し、ついに日本初の純国産の大型飛行艇を完成させることになった。

その後も改良を重ね、昭和十三年（一九三八）一月制式採用が決まり、四機の試作機は九七式一号飛行艇と名付けられる。

上司の技師につれられて、海岸の、当時は東洋一の大組立工場の建物に一歩踏み入った瞬間、さながら空飛ぶ巡洋艦にも似た巨艇の声なき威圧に足がすくんだ。いつの間に、こんな途方もないマンモス航空機が日本に生まれていたのか、私は驚愕の声を呑み込んで、しばし絶句した。

昭和十三年に川西に入社し、はじめて九七式大艇を見た時の感動を、当時、電気装備の専門係だった中川辰二は、こう述べている。（碇義朗『二式大艇—精鋭、海軍飛行艇—』）

九七式飛行艇は一〇七〇馬力エンジン四基、全備重量十七トン、全長二五・六三メートル、全幅四十メートルもある巨大な飛行艇であった。

南洋諸島を拠点としてアメリカ艦隊の動向を偵察するために高性能飛行艇を必要としていた海軍が待っていたものがついに完成したのだ。

試作機四機に加え、この後九七式飛行艇は、一号を昭和十三年に八機、十四年に二機、二号二型（武装を強化）を十四年に二十機、十五年に三十三機、二号三型（エンジンをパワーアップ）を十六年に六十五機、最終型を十七年に四十九機と合計一八一機作られた。

南洋航路の開拓

一八一機の九七式飛行艇のうちの二機は、民間輸送会社の大日本航空が委託された民間の南洋航路につかわれることになった。当時太平洋や大西洋は飛行艇花盛り時代で、ショート社の他にも、アメリカ・シコルスキーS44、マーチンM130、ボーイング314「クリッパー」など三十人から五十人乗りの四発大型飛行艇が飛んでいた。

日本も同じように、九七式飛行艇を使って海外航路を開拓することになった。そのため武装と搭乗員の休憩用ベッド四つを取り外し、十人分の座席を設置、十八人乗りに改造した大日本航空の飛行艇が使われた。

昭和十四年（一九三九年）四月四日午前六時二分、初めてパラオをめざして飛行艇が富岡の海から飛び立った。中込少佐が指揮官となり、浜空隊員と大日本航空搭乗員が乗組み、軍民合同で運航にあたった。午後四時二十分サイパンに着水。一泊したのち、翌五日午前七時サイパンを離水、午後零時十五分パラオに着水した。到着した飛行艇は現地で大歓迎を受ける。土産に内地の桜の花を持参したのだが、本物の桜の花を初めて見る児童たちは大喜びで、パラオ付

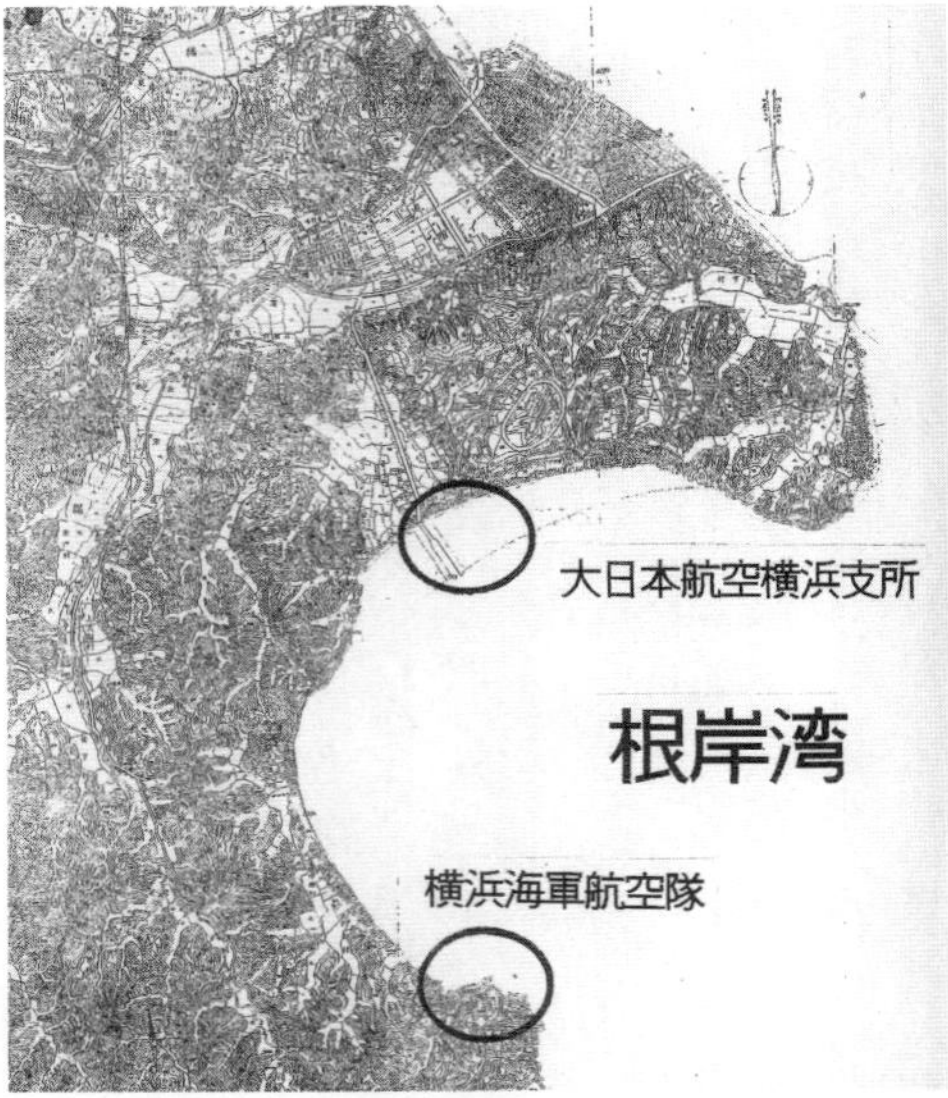

根岸湾をはさんだ大日本航空横浜支所と横浜海軍航空隊
葛城峻氏提供

近の学校を回って見せて歩いたほどだったという。

大日本航空は当初は浜空に同居していたが、昭和十五年に根岸湾をはさんで富岡と四キロほど離れた対岸の根岸海岸に大日本航空海洋部横浜支所を完成させ、本格的に定期運航を始めた。同社の飛行艇には「綾波」「叢雲《むらぐも》」というような名前がつけられた。

「根岸湾は飛行艇の海だった」と語るのは磯子歴史ネットワーク代表葛城峻《しゅん》である。葛城は自らが制作した資料集の中に次のように記す。

戦時中、根岸湾の南側富岡には「横浜海軍航空隊」（現在の富岡総合公園・県警第一機動隊用地など）、北側の根岸には「大日本航空（株）海洋部横浜支所」（現在の日石三菱根岸製油所＊）があり、当時の川西航空機（株）が世界に誇る九七大艇・二式大艇が轟音を立てながら飛びかっていました。航空基地は日本中にたくさんありましたが、ここは「飛行艇の海」として日本で唯一の記憶すべき戦争遺跡です。（資料集『鎮魂　横浜海軍航空隊―根岸湾が飛行艇の海だったころ―』）

（＊引用者注　二〇一〇年、ＪＸＴＧエネルギー根岸製油所に名称変更）

葛城はこの地域に残っている戦争遺構を発掘するなか、それまでほとんど忘れ去られていた横浜海軍航空隊の歴史に光をあてることになる。横浜開港一五〇周年にあたる平成二十一年（二〇〇九）に、磯子区の杉田劇場で、企画展「根岸湾は飛行艇の海だった」を主催し、葛城が作成した飛行艇や横浜海軍航空隊、大日本航空に関するパネルや、新たに作成された二式飛行艇の模型などを展示した。また、かつて大日本航空のパイロットだった越田利成氏らをまじえたシンポジウムを行うなどで話題を呼んだ。

葛城はさらに、神奈川県警察第一機動隊の敷地内に残る横浜海軍航空隊のさまざまな遺構を発見してきた。この成果は地域の歴史研究会で発表されるときに配布された資料集『鎮魂　横浜海軍航空隊―根岸湾が飛行艇の海だったころ―』、『鎮魂　横浜海軍航空隊……横須賀から吹いた風』などにまとめられている。

葛城がこの研究調査に向かうようになったのは、子供のころから根岸湾から飛び立つ民間の飛行艇を見ていた影響が大きいという。


僕のところから、おそらく基地に戻ってくるところだと思うのですが、大きな機体の飛行艇が見えるんですね。それがなんとも格好が良くてね。それと根岸の日航（大日本航空のこと）のパイロットが近くに下宿していたんですけど、同級生がこの飛行機に乗せてもらったとか聞いたんですよ。うらやましくてね。それと行先はパラオとかサイパンの南方でしょう。お土産で向こうのパイナップルとかバナナとかもらった奴もいましたね。戦争が終わってからは、この根岸湾が日本でも有数の飛行艇基地がふたつもあったことか、ここから南方に向けて飛行艇が出ていたなんて誰も知らないんじゃないですか？

それをなんとか知らせたいと思っているんですよ。（談）

横浜が南方とつながっていた。それも飛行艇によって。これはなんともロマンチックな話ではないか。

昭和十七年（一九四二）東宝が製作した映画『南海の花束』は、日本が委任統治していた南洋諸島に、民間航空会社が南洋航路開発するために尽力した男たちやそれを見守る家族の目線も織り込んだ映画である。撮影には根岸湾に基地を持つ大日本航空が全面協力し、本物の九七式飛行艇の雄姿を見ることができる。

二式飛行艇開発へ

川西航空機による飛行艇の設計開発は、橋口義雄と菊原静男のふたりを中心にして進められていく。橋口は前述したように元々は海軍育ちで、海軍時代から川西に送り込まれ、それ以来飛行艇の開発にあたっていた。もうひとりの菊原は、宮崎駿の映画『風立ちぬ』のモデルとなった零戦設計者の堀越二郎の東京帝国大学で二年後輩にあたる。橋口と菊原は、九七式飛行艇が制式化されたあとすぐに、昭和十三年（一九三八）から隠密裏に一三《じゅうさん》試大型飛行艇、のちの二式飛行艇の試作を進めていた。

九七式飛行艇の時に比べて海軍が出してきた条件はかなり厳しいものであった。なによりも航続距離が完全武装で七四〇〇キロという長距離になっており、これを実現するためにさまざまな問題が立ちはだかる。まずは舵の問題で、魚雷攻撃もするため小型の水上機なみの操縦性を要求され、軽いものにしなければならなかった。また超過の荷物を積んだときを想定し、離

二式飛行艇（二式大艇）　新明和工業株式会社提供

水実験を始めると、内側エンジンのプロペラが飛沫の激しさのために曲がってしまい、この改善にも試行錯誤を重ねることになった。

最大の難問はポーポーイズであった。ポーポーイズとは、イルカが跳ねるようにして飛び上がり、機首から水面に落ちることをいう、これがひどくなると機首から水面に突入して沈没してしまう。大型飛行艇ならではの宿命とも言えるポーポーイズについて、さまざまな実験を重ねるなか、飛び立つ時の角度を五度にすればこれを防げることを発見、この五度という姿勢角をパイロットが知るための仕掛けもつくった。連日連夜まさに寝る間も惜しみ、完成のため問題に立ち向っていった。菊原はこう思い起こしている。

まだレーダーのない時代でしたから、遠くに出ていって、どういう編成の艦隊が日本の方へ進攻してくるか、早く見付ける必要がありました。だから、この飛行艇ができなければ、アメリカとの戦争はできないということを聞かされて、大いに張り切っていた訳です。(「飛行艇とともに」横浜海軍航空隊浜空会編『海軍飛行艇の戦記と記録』所収)

一三試大型飛行艇は、昭和十五年（一九四〇）十二月三十一日に海軍航空技術廠の伊東祐満少佐による初飛行を経て、昭和十七年二月に二式飛行艇として制式採用された。

一八五〇馬力エンジン四基、重量二十四トン、全長二十八メートル、全幅三十八メートルの威容を誇った二式飛行艇は、航続距離七〇五〇キロ、最高速度時速四七〇キロ、二万フィート（六〇九六メートル）までの上昇時間十八分、離水時間四十秒という飛行艇としてはまさに最高の性能をもつことになった。攻撃兵装として魚雷二本または八〇〇キロ爆弾二発または二五〇キロ爆弾八発が搭載可能であり、哨戒だけではなく、攻撃もできる飛行艇でもあった。終戦までこの飛行艇はおよそ一七〇機作られることになった。

横浜海軍航空隊でも、配備される機種が九七式から二式へと転換していった。

第二章　横浜海軍航空隊誕生

横浜海軍航空隊の発足

それにしても、なぜ根岸湾に海軍航空隊の基地が置かれるようになったのか？　これについて、葛城峻は、根岸湾が飛行艇の港になったのは、東京湾内の一角で波が静かで離着水に向いていたためと、東京の大都市圏や旧海軍の拠点があった横須賀からのアクセスが良かったためだったと考えている。

根岸湾に面したクツモ岬と呼ばれ、かつては明治の元勲三条実美《さねとみ》の別荘があったことで知られていた総面積四十万坪の土地に、横須賀鎮守府に所属する横浜海軍航空隊の基地が建設されることになった。

昭和九年（一九三四）十一月十日十一時から横浜市金沢の富岡で横浜海軍航空隊の起工式が、永野修身《おさみ》横須賀鎮守府司令長官や大西次郎横須賀航空隊（別称・追浜航空隊）司令らが出席して執り行われた。松本金沢町長は、この地に海軍航空隊ができることを喜び「今後航空隊の建設には町民一致協力をおしみません」と挨拶した。三条実美別荘の名残りが、航空隊庁舎裏にあった「三条実美遺愛の松」と呼ばれた大きな老松である。

起工式のあと宴会が開かれ、さらには追浜航空隊の三機の戦闘機の航空ショーも披露された。

帝都の關門に鐵壁の防空陣
横濱海軍航空隊けふ華々しく竣工式
春陽に銀翼力強し
燦々初の海軍旗飜る
歡喜の乾杯に展く軍國繪巻

横浜海軍航空隊竣工式の新聞記事
讀賣新聞　昭和12年3月28日

追浜航空隊野中中尉指揮の戦闘機三機は爆音勇ましく飛来海空軍独特の空中サーカスを行って感嘆の目を見張らせた。（『横浜貿易新報』昭和九年十一月十日）

起工式から二年後の昭和十一年（一九三六）十月一日、正式に横浜海軍航空隊は発足する。

この日午前九時より米内光政横須賀鎮守府司令長官も臨席するなか、初代横浜海軍航空隊司令加藤尚雄の手で海軍旗が掲げられ、開隊式がはじまった。

さらに翌昭和十二年三月二十七日、残存工事が完了したことに伴い、午前十時より第一格納庫内で竣工式が盛大に執り行われた。この日は市内の名士千人以上が招待され、横須賀航空隊と横浜航空隊のパイロットによる高等飛行も披露された。また横浜市内の小学生千五百人による旗行列も行われ、午後一時から三時まで隊内が一般公開された。

浜空基地から海に沿って数百メートルのところにある慶珊寺《けいさんじ》は真言宗御室《おむろ》派の寺で、寛永元年（一六二四）に建立された由緒ある寺である。『武州富岡史話』という富岡の歴史を追った本も書いている、かつて高校の歴史の先生をしていた住職佐伯《さえき》隆定《りゅうじょう》は、この日のことをいまだに鮮明に覚えていた。佐伯は子どもの頃から飛行艇のことが気になってしかたがなかったと語る。

朝起きると飛行艇のエンジンの音が聞こえてくるんですね、すごい音でしたよ。夜明けと共に聞こえてくるんです。一時間近く続くんですよ。横浜海軍航空隊といえばあの音なんですよね。ただあのあたりは完全に閉鎖されていて、入れないから、飛行艇の音は毎日聞かされたけど、一度もその姿を見たことはなかったんです。

ただ一度だけ基地が開放されましたね、行列もでていたし、それはにぎやかなもんでしたよ。でもその日一日だけでした。あとは入れませんでした。（談）

慶珊寺　横浜市金沢区富岡東

慶珊寺には浜空の隊員が二組下宿していたという。パイロットと整備兵だったと記憶しているということだ。

日本がアメリカとの戦争の準備を着々と進める中、横浜海軍航空隊の本隊も南方の前線へ派遣されることになる。

昭和十六年（一九四一）九月八日、部隊は飛行艇母艦「神威《かむい》」に乗り込み、横須賀から出港、マーシャル諸島ウォッゼ島を目指した。さらに月末には横井俊之司令が指揮する飛行部隊が横浜の富岡基地を飛び立ち南洋に向った。

マーシャル諸島海域では連日厳しい訓練が繰返し行われた。マーシャル諸島のヤルート島に本部が置かれ、ここに九七式飛行艇が二十四機配備された。そこでさらに夜間索敵訓練や魚雷投下訓練などを重ねることになる。すべては十二月八日の日米開戦のためであった。

もうひとつの真珠湾攻撃

昭和十六年（一九四一）十二月五日、マーシャル諸島のウォッゼ基地に駐留していた横浜海軍航空隊隊員は訓練後全員集合させられた。

ここで横井司令より訓練の終了と「Xマイナス三」、すなわち日米開戦三日前であることを告げられる。横井はこう訓示した。

わが飛行艇隊はメスの尖端の重要な任務を帯びている。今までのすべての訓練は、このときのためのものである。各自は最大の努力をするように。（碇義朗『二式大艇─精鋭、海軍飛行艇─』）

そして翌日、部隊はマーシャル諸島のメジュロ島に移動、先に到着していた母艦神威より燃料と爆弾を搭載してここで待機する。七日夕刻、神威艦上で全員揃って乾杯したあと二十四機全機がアメリカ領ハウランド、ベーカー両島の爆撃に出撃した。

命令では機動部隊の真珠湾攻撃と呼応して同じ時刻に爆撃する予定であったが、何故か真珠湾奇襲成功の入電がなく、両島の手前で旋回しながら燃料ギリギリまで待機したが、この日は基地に引き返すことになった。

帰着した部隊は真珠湾奇襲が大成功をおさめたことを知る。そして翌八日夕刻、再び燃料を搭載して発進、九日黎明に二十四機全機で目標に爆撃を実施、敵機の迎撃もなく攻撃は成功をおさめた。

浜空の初陣は成功したものの、この戦果については日本の新聞はわずか二、三行の記事で報じるだけだった。ハワイ空襲部隊のはなばなしい戦果の報道に比べれば、ささやかなものだった。労多く、報われることの少ない飛行艇部隊らしい初陣といえるかもしれない。

真珠湾攻撃から三か月後、再び真珠湾を攻撃せよという命令が浜空に下された。大本営はハワイを再び攻撃、アメリカの復旧作業を妨害するという作戦を立てた。精神的にも物理的にも決定的なダメージを与えようということだった。

この作戦は浜空のために立案されたものと言ってもいいだろう。この作戦を遂行するためになくてはならなかったもの、それが二式飛行艇（二式大艇）と浜空の伝説的パイロット橋爪寿雄大尉であった。

往復七四〇〇キロという長い距離を飛行できるのは二式大艇しかなかった。まさにこの作戦のためにつくられたような飛行艇であった。二式大艇は当時内地でまだ実用実験中だったが、このうちの三号と五号の二機をヤルート島に派遣して、約一か月間洋上航法や波浪の高い洋上での潜水艦から給油する訓練を行っていた。このあとウォッゼ島に進出して、燃料と各機二五〇キロ爆弾四発を積み、ここからハワイに向かうことになった。橋爪を隊長とする二十名がこの任にあたった。

隊長となった橋爪寿雄は飛行艇の研究に熱心にとりくみ、日夜操縦訓練に励み、その操縦技術は当代一と言われていた。技術的な面だけでなく、高潔で謙虚な人格で、部下からも上官からも慕われていた。横浜海軍航空隊浜空会編『海軍飛行艇の戦記と記録』には、三十人以上の浜空隊員の回想が収められているが、この中で多くの人が称賛してやまなかったのがこの橋爪大尉だった。何人もの隊員が橋爪のエピソードを紹介しているが、自分のことだけでなく後進養成にも熱心で、それも精神論をぶつのではなく、何事も理論的に根拠を示しながら、しかも自らの行動で導いていった上官であったようだ。洋上航行中の天測訓練も、ひとりにまかせることなく、指揮官、操縦、偵察の三人が位置を出して、正確を期すようにしていた。新しい基地に来たときはすぐにスケッチを画く習慣をつけさせ、星の勉強も怠らなかったばかりか、毎日英語で日記を書いていたという。小林熊一はかつての上官についてこの中でこのように振り返っている。

橋爪大尉といえば、常に爪先から歩かれる様なキップのよい生粋の江戸っ子を思わせる、極めて几帳面な方であったと思う。酒は一ぱいで顔面紅潮されるが座をくずす様な事は絶対なく、調子を合せて居られるが、技術的な事になると常に真剣そのものになられた。橋爪大尉は又部下を叱りつけたり、罰直を与えたりされたのをみなかった。自らの行動で善導すると云う、極めて寛大な方であったが、それがかえって功を奏した。（中略）そればかりではなく部下に対する思いやりは、冷たい様で実は共に行動すると云う精神で随所に暖か味のある行動が見られたものである。（小林熊一「二式飛行艇の真珠湾攻撃」『海軍飛行艇の戦記と記録』所収）

このような橋爪のもとで十分な訓練を積んだ隊員は昭和十七年（一九四二年）二月に制式採用された二式大艇に乗り組み、二月十二日横須賀を飛び立ち、サイパン島、トラック島を経由して、マーシャル諸島ヤルート島のイミエジ基地に到着した。

いままで九七式飛行艇を操縦していた隊員たちは、この二式大艇の巨大な姿に圧倒された。橋爪以下二十名が、新たに導入された二式大艇をつかった飛行訓練を連日行った。これはすべて第二次真珠湾攻撃のためのものだった。

ヤルートから真珠湾まで三七〇〇キロ以上もあるため、途中潜水艦から給油を受けることになっていたので、波浪の高い洋上で補給を受ける訓練、さらにそのあと満載状態でうねりのある海上での離水など、新型飛行艇を自在に操縦するほかに、困難な作業に対処しなければならなかった。

三月四日午前〇時二十五分、橋爪率いる二式大艇二機が珊瑚礁の海から離水し飛び立った。三〇〇〇キロ近くを飛んだあと、洋上で予定通り潜水艦イ一五とイ一九から給油を受ける。波が高い中の給油作業であったが、一時間ほどで終了。満載状態での離水にも成功し、オアフ島に向かった。

午後九時十五分高度四〇〇〇メートルで目的地に到着したが、一〇〇〇メートル以下は雲におおわれ、目標を確認できなかった。ただ雲の切れ間からカエナ岬とヒッカム飛行場が見えたので、五分後に大体の見当をつけて二機は爆弾を投下した。推測爆撃には終わったが、任務を遂行した二機は再び長途の旅につき、五日午前にマーシャル諸島のウォッゼに帰着した。

三七〇〇キロを越える洋上を戦闘機の援護もなく飛行して真珠湾上空に突入し、夜間作業中の海軍工廠地区を爆撃、無事帰還したこの第二次真珠湾奇襲は、ほとんど知られていない。大型飛行艇だけで防御厳重な敵基地の空襲に成功したのにもかかわらずである。

そしてこのあと悲劇が待ち構えていた。

敗北の序章

無事帰還した橋爪隊の成功を祝して、ヤルート島イミエジ基地の浜空司令横井俊之大佐は、祝宴を催した。三月五日の夕べのことである。

酒がそんな強くない橋爪が乾杯の一杯を飲み干し、すぐに頬を真っ赤に染めたときだった。大本営海軍部から「ミッドウェー・ジョンストン両基地を偵察し写真撮影せよ」という命令が届いた。

激しい訓練を乗り越え、生死を賭した任務を完遂し、数時間も経っていないうちに再び危険を伴う命令が下されたのだ。アメリカがハワイを再び奇襲され、周辺の警戒を厳重にするのが明白な中、何故三か月後の作戦のための偵察をしなければならないのか。横井司令をはじめ隊員全員がこの命令を訝しがったなか、ひとり橋爪だけが「命令が出た以上行く」と準備にとりかかった。

第二次ハワイ攻撃のわずか四日後の三月九日、橋爪隊二機がヤルートを飛び立った。いったんウォッゼに降り立ったあと、十日午後九時五十分、橋爪が指揮をとる一番機はミッドウェーを、二番機はジョンストンを目指して飛び立った。

一番機は翌朝八時三十五分に、二番機に向けて無線を発信したまま消息を絶つ。二番機は無事にジョンストン基地の写真撮影に成功し十一日午後二時過ぎにウォッゼに戻った。しかし橋爪機はそのままなんの情報もなく還ることはなかった。おそらく無線を発信した直後、敵の戦闘機と交戦し、撃墜されたものと思われる。

橋爪の死が確実になった時、生き残った隊員たちは一様にこの作戦がいかに無謀であったかを指摘している。終戦直後、二式大艇をアメリカに渡すため操縦桿を握ることになる日辻常雄も著書『最後の飛行艇』のなかで次のように書いている。

当時、二式大艇の出現に大きな期待がかけられていたものの、用法に関する研究は十分とは言えず、ハワイの奇襲成功のデビューにとらわれて、上層部はいささか慎重さを欠き、勇み足となったように思われてならない。

司令部が二式大艇と橋爪という、いままでに例のない飛行機と、稀に見る優秀なパイロットの存在に多くを依存してしまったのかもしれない。

元浜空隊員石毛幹一はいまでも橋爪大尉のことが忘れられないという。

偉い人でしたね。訓練中に部下を亡くしたことから、ずっと責任を感じて、死に場所を探していたようでした。橋爪さんとはよく会って話をしました。人望がありましたね。海軍の慣例で甲板整列というのがあってね、みんな並んでその日あったことを報告するんですけど、それがなってないとか言って上官がビンタしたりとかこん棒でなぐるんですね。橋爪さんは、こんなことやっても意味がないってやめさせたんですよ。（談）

橋爪を失ったことは、その後の浜空にとって致命的といってもいいほどの痛手となった。それはまた、あのミッドウェー海戦の敗北を予言していたと言ってもいいかもしれない。

第三章　ツラギの悲劇

浜空ツラギへ

橋爪大尉が命を賭して偵察したミッドウェー島をめぐって、昭和十七年（一九四二）六月五日から七日にかけて日米の海軍が衝突。この戦いで日本海軍は空母四隻、航空機約三〇〇機等を失うなど大きな損害を蒙る。真珠湾奇襲でアメリカに大きな打撃を与えながら、このミッドウェー海戦の敗北で戦いの構図は大きく変わっていく。

大本営はこのミッドウェーの敗戦を国民に知らせなかった。ミッドウェー海戦で負傷した兵士たちは、秘密裏に富岡の浜空基地にあった病院にも運び込まれたという。このミッドウェー海戦敗北の二か月後、浜空が全滅するという悲劇がソロモン諸島の小島で起きていたことも、大本営は隠しつづけた。この「ツラギ玉砕」について振り返ってみたい。

ツラギ島は激戦地ガダルカナル島（ガ島）から北方四十キロほど離れたところにある、長さ三キロ、幅〇・八キロの島である。かつてはイギリス総督府があったところで、ソロモン諸島の政治経済の中心地になっていた。

小高い緑に囲まれた丘の上には、かつての政府高官のための白亜の家屋が立ち並ぶほか、クリケット場やゴルフ場、テニスコートなどもあった。島の北東にある港には、三〇〇〇トンクラスの船が接岸できる、長さ六十七メートルの桟橋やその他の港湾設備もあった。

ソロモン諸島周辺略図　（作図）

ツラギ島から三キロほど離れた、タナンボコ島とガブツ島は現地民も住まない島だった。それぞれ長さ二〇〇メートルから三〇〇メートルで、幅一〇〇メートルほどの小さな島で、連絡橋でつながっていた。島の湾内は穏やかな内海となっていて、飛行艇を留めておくには最適の場所であった。タナンボコとガブツの二島は、浜空の水上機基地となり、この基地の周辺を「ツラギ」と呼んだ。

開戦をマーシャル諸島のヤルートで迎えた浜空の飛行艇部隊は、南洋諸島内の基地を転戦した。ハウランド島（ハワイ南西）、オーシャン島、ナウル島など、日本の委任統治領外の離島の攻撃に参加し、昭和十七年一月二十三日、日本軍がニューブリテン島（現パプアニューギニア）のラバウル上陸を成功させたあと、九七式飛行艇九機と共に一時、ラバウルに進出する。

その後はマーシャル諸島ヤルートのイミエジ基地から連合軍の基地があったポートモレスビー（現パプアニューギニアの首都）やツラギ爆撃に向った。四月にラバウルを完全に占領したあとは、ラバウルを基地にする。

ツラギのオーストラリア軍基地は、ラバウルからガダルカナル島を偵察・哨戒していた浜空機によって発見された。五月三日、ポートモレスビー攻略作戦（ＭＯ作戦）に伴い、呉鎮守府陸戦隊四三〇名がツラギ島に上陸、ツラギ島と周辺のタナンボコ、カマンボ、ガブツの各島を占領する。

翌日、米軍が戦闘機九十九機によってツラギを空襲してきた。アメリカとオーストラリアの連合軍は、暗号解読により日本のＭＯ作戦を察知し、米軍の空母レキシントン、ヨークタウン、ホーネット、エンタープライズの四隻を珊瑚海に派遣した。そして五月七、八日両軍空母部隊が珊瑚海で衝突することになった。

この戦いによる損害は、連合軍は空母一隻沈没、一隻中破、給油艦十一隻沈没、駆逐艦一隻沈没、日本軍の損害は空母一隻大破・軽空母一隻沈没、フロリダ諸島方面で駆逐艦一隻と掃海艇数隻沈没、航空機は連合軍も日本もおよそ一〇〇機を失った。日本側は日本の勝利と宣したが、この海戦の結果によって日本はＭＯ作戦の見直しを余儀なくされ、しかもこのあと大敗北を喫するミッドウェーに、空母二隻を派遣できなくなるという痛手を蒙ったことを考えると、日本の勝利とは言えなかった戦いだろう。

珊瑚海海戦、ミッドウェー海戦のあと、最前線はソロモン諸島に移った。日本から南東およそ六〇〇〇キロの南太平洋上に、約一五〇〇キロメートルにわたって二条に伸びる大小様々な島が連なるソロモン諸島。最大の島はガダルカナル島である。日本はここに飛行場をつくるため二〇〇〇人の設営隊を派遣した。この飛行場建設が米軍の攻撃をよぶこととなり、「ツラギ玉砕」の発端となった。

浜空は七月上旬、司令宮崎重敏大佐以下、副長勝田三郎中佐、飛行隊長田代壮一少佐ほか幹部将校全員をはじめ約三八〇名がツラギに進出した。

タナンボゴ島を拠点にガブツ島には病院班・舟艇班・工作班約一〇〇名、フロリダ島に二式水戦（二式水上戦闘機）隊六〇名が駐留し、哨戒任務に就くことになった。

珊瑚海海戦の時、海軍三等整備兵曹石毛幹一は浜空に配属され、ガブツとタナンボコに駐留している。石毛の専門は魚雷の調整であった。哨戒・偵察が大きな任務の飛行艇だが、九七式飛行艇は八〇〇キロ魚雷二本を搭載でき、爆弾の装着もできる。魚雷攻撃ができることは、九七式飛行艇と二式大艇の大きな特徴であった。飛行機から落とされる魚雷の調整は船から発射される魚雷と比較にならないくらいの困難が伴う作業となった。石毛は必死にこの作業に取り組んでいた。

必殺の決意に燃え死地に飛びこむ搭乗員の放つ魚雷に万が一故障があったのでは腹を切っても申訳が立たない。誰もがそう骨身に銘記して居た。魚雷調整には全身全霊を打ち込んだ。（中略）珊瑚海海戦の時九機に十八本の魚雷を積み、ガブツ、タナンボコに進出した。（中略）雷爆員は佐藤兵曹と私と二人が同乗し、十八本の魚雷の世話に当たった。飛行艇に搭載した魚雷は離着水の度に海水を浴びるので銹が出易くなる。出撃には塞気弁を開くので圧縮空気がいくらか逃げて減る。十八本の魚雷をたった二人で何の設備もない孤島で、何時でも使える状態にして置くのは難事中の難事であった。（「浜空の思い出」『海軍飛行艇の戦記と記録』所収）

整備調整に明け暮れたツラギ暮らしであったがささやかな楽しみもあった。

それでも時には閑もあって、ダイナマイトを海に投げ込んで、二百五十キロ爆弾の箱一杯の魚を取ったこともあった。（同前）

石毛がガブツ・タナンボコに駐留したのはわずか二十日ほどだった。短い南国での生活であったが、石毛にとってここで過ごしたことは生涯忘れることができないものになった。南洋の楽

ラバウルの横浜海軍航空隊本部庁舎　石毛幹一氏提供

園のような島にもう少しいられるだろうと思っていた石毛のもとに、第十六期高等科航空兵器術雷爆練習生として、横須賀にある横須賀海軍航空隊（横空）に入隊せよという命令が届いた。帰国するためラバウルにいったん戻った石毛は、ここで同期の親友阿部知己と出会った。阿部は海兵団時代の同じ班、そのころから馬が合い、親友と呼べる数少ない戦友であった。阿部はこれからガブツに赴任するところであった。

六月八日　いよいよ乾祥丸に便乗、ラバウルを出港と云う朝である。「石毛、お前行っちゃうのか」と同年兵の阿部知己が別れを惜んだ。（中略）私は、椰子の実を切ったり、護身のためにと持っていた短刀を阿部にやった。ランチが桟橋を離れ、お互が見えなくなるまで、阿部は桟橋の突っぱずれの電柱につかまって見送ってくれた。その姿が三十

年以上すぎた今でも網膜に焼きついて離れない。阿部はこのあとガブツに行った。（同前）

これが阿部を見た最後となった。

七月五日、石毛は横須賀の横須賀海軍航空隊に帰任した。そのおよそ一か月後の八月七日、ツラギの悲劇が起こったのだ。

その前夜

連日建設が進むガダルカナル島の飛行場を、米軍偵察機が発見したのは六月上旬のことである。ガダルカナルに飛行場が出来れば、米軍の防衛ラインであるニューカレドニア―ニューヘブライズの線はもとより、オーストラリアも危機にさらされると判断した米軍は、急遽、ニュージーランドおよびその周辺に展開する米軍部隊にガダルカナル、ツラギ攻撃を命ずる。

日本軍がガダルカナル島に飛行場を建設することがなかったら違う展開になったのは間違いない。それだけ米軍はここに飛行場ができるのをどうしても阻止しなければならなかった。

「ウォッチタワー」作戦と名付けられたこの攻撃のため、ゴームレー海軍中将を総指揮官とし、一九〇〇〇名の大部隊を編成する。このため太平洋海域にいた米海軍の大部分が動員されることになった。そして空母サラトガ、エンタープライズ、ワスプ、戦艦ノースカロライナ、巡洋艦、駆逐艦、輸送船など五十余隻も投入することにした。

部隊はガダルカナル島進攻部隊とツラギ進攻部隊の二梯団にわけられた。第一梯団は六月十日、第二梯団は七月十二日、ニュージーランドに到着する。そして七月二十八日から四日間、フィジーのコロ島で上陸演習をしたのち、ガダルカナル、およびツラギに向け出発した。七月中旬以降、ガダルカナル、ツラギ、浜空基地のあるガブツ島に対して、B17大型爆撃機による偵察と爆撃が続いていた。

こうした米軍の動きに日本はまったく無警戒だったわけではない。連日九七式飛行艇が近海の哨戒に飛び立っていた。しかし悪天候が視界を妨げる。八月になり毎日朝六時から四機の飛行艇が七時間をかけて三方面の哨戒をしていた。しかしこの頃、広範囲にわたって低気圧が停滞し、ソロモン海域の視界はまったくきかず、さらにはときおり襲うスコールと雷雲のため、偵察員は洋上で何も発見することができなかった。

八月六日、いつものように四機が哨戒のため飛び立ったが、分厚い雲が空を覆い、なにも見ることができなかった。通常は四〇〇〇メートルの高度で哨戒を行うのだが、ときおり高度を下げても視界不良の状態は変わらなかった。このときアメリカの空母サラトガはガダルカナル島の南南東三二〇キロのところを航行しており、この近くを浜空の四機は飛んでいたにもかかわらず、暗雲のためこの船影を発見することができなかったのである。

午後二時、哨戒で出ていた四機はガブツ島湾内につぎつぎ戻ってくる。搭乗員は指揮所の前に集合し、「視界不良、異常なし、敵影を認めず」といつもと同じ報告をするしかなかった。

この日の夕方、ラバウルから交替要員を乗せた二式大艇が到着した。うれしいことに戦時給与品（特別配給の品）がたくさん搭載されていた。この中には酒も入っていた。これらの物資を置いて、二式大艇はそのままラバウルに引き返す。久しぶりの酒の配給に喜ぶ兵士たちは、南海の夜空の下で唄を歌い、さらには輪になって踊りだすものもいた。

消灯の時間になり、酔いしれ眠りこんだ午後九時五十分ごろ、ラバウルの第八艦隊司令部から「ガ島近海ニ異常電波ヲ傍受セリ。浜空隊ハ近海ノ哨戒ヲ厳重ニセヨ」との緊急通信が来た。司令部は哨戒圏をいままでの六四〇キロから九六〇キロに広げることを決定、直ちに十時に「総員起こし」の命が伝えられ、全員が集合し、明日の哨戒を二時間繰り上げ、四時に発進ということになった。そのため整備班は燃料補給と出発準備にとりかかった。

しかしこの三時間後の八月七日午前一時には、上陸部隊をのせた米軍輸送船は、それぞれツラギを目指し、残る十五隻の輸送船も、ガダルカナル島の上陸予定地点めざして進んだ。すでに攻撃準備は完了していたのである。

そして運命の朝を迎えることになる。

敵　襲

八月七日、哨戒にあたる搭乗員全員五十名が午前三時三十分に集合、副長勝田中佐から「ガ島近海に位置不明の敵船団の電波を傍受した。敵勢力の発見に努力するよう、各機全力を尽くせ」という命令が伝えられ、飛行艇隊は一斉にエンジンを始動させる。

まさに洋上滑走に移ったそのとき、指揮所の電話が鳴り響いた。宮川政一郎一等整備兵が受話器を取ると、「こちら陸戦隊本部、敵襲、敵襲」とがなりたてるような声がこだました。勝田中佐が宮川から受話器をひったくるように取り上げ、「なにっ敵襲？」と聞き返し、それから数秒、電話口で緊急報告を受けすぐに外に出た。

ガダルカナル島方面の水平線に黒い点の一群が点々と並んでいるのが目に入った。米軍戦闘機グラマンであった。グラマンはまさにこれから離水しようという九七式飛行艇に銃弾を浴びせた。一番機が大きな炎をあげ、轟音と共に海中へ突っ込む。グラマン機による攻撃によって、ガブツ島の北東海岸に繋留されていた飛行艇はあっという間もなく炎上、配備されていた七機が全滅した。

ツラギ湾内は一面修羅場と化し、火災と轟音は四十キロほど離れたガダルカナルからも望見できたという。

ツラギ通信基地より第八艦隊司令長官、第二十五航空戦隊司令官、第四艦隊、第六艦隊、連合艦隊各参謀長、大本営海軍部第一部長に宛てられた電文が、海軍の公式記録「基地航空部隊第五空襲部隊戦闘詳報第七號」（第二十五航空戦隊司令部作成）に残っている。

○四二五（午前四時二十五分）　敵機動部隊二十隻R×Bニ来襲　敵空爆中　上陸準備中
○四三〇（午前四時三十分）　空襲ニ依リ大艇全機火災
○四三五（午前四時三十五分）　敵機動部隊見ユ
○五一五（午前五時十五分）　敵ハ「ツラギ」ニ上陸ヲ開始
○五二五（午前五時二十五分）　我要求ニヨリ今少シニテ装備ヲ焼ク
○五二九（午前五時二十九分）　状況ニ依リ今直グ装備ヲ焼ク
○五三〇（午前五時三十分）　我艦砲射撃ヲ受ク
五時三十五分　戦艦一、巡洋艦三、駆逐艦十五ソノ他輸送船
○五四九（午前五時四十九分）「ツラギ」敵各艦砲射撃揚陸開始
○六〇〇（午前六時）　至近弾電信附近
○六一〇（午前六時十分）　敵兵力大　最後ノ一兵迄守ル　武運長久ヲ祈ル

六時十分に発せられた電文を最後に通信は途絶えてしまう。戦闘の経過について「基地航空部隊第五空襲部隊戦闘詳報第七號」には次のように記録されている。

（イ）（前略）八月七日太平洋艦隊ノ大部及海兵並ニ陸軍ヲ満載セル輸送船三十数隻ヲ以テ、「ソロモン」諸島南部ニ来襲「ツラギ」及「ガダルカナル」島奪回ヲ決行スルニ至レリ

（ロ）「ツラギ」及「ガダルカナル」沖ニ入泊セル敵兵力ハ主力艦一隻大巡軽巡約十数隻駆逐艦約二十隻輸送船三十数隻ニシテ、尚南東方洋上ニアリテ、支援シアリト、認メラルルモノ空母二乃至四隻主力艦一乃至四隻巡洋艦数隻駆逐艦二十隻程度ナリ

（ハ）敵空母ヨリ約一〇〇機ノ艦上機「ツラギ」及「ガダルカナル」ノ作戦ニ協力シアリ

（ニ）「ガダルカナル」基地ハ友軍ノ手ニ依リ、殆ド、完成ノ直前ニアリシモ当時「ツラギ」及「ガダルカナル」ノ守備兵力僅ニ各五〇〇程度ナリシニ加ヘ装備極メテ、不備ニシテ、敵ノ機械化セラレ而モ、充分ニ準備シアル大軍ニ抗スベクモ無ク各員守所ヲ死守シ、悲壮ナル反撃ヲ加ヘタルモ、陸戦我ニ全ク不利ニシテ「ツラギ」島「ガブツ」基地及「ガダルカナル」飛行場ハ敵手ニ陥リタルモノノ如ク「ツラギ」守備隊長ヨリ「〇六一〇敵兵力大　最後ノ一兵迄守ル　武運長久ヲ祈ル」トノ電以後無線連絡

絶エ其ノ後ノ情況全ク不明トナレリ

ツラギからの電文を受けた当時の連合艦隊参謀長宇垣纏《まとめ》中将は、その回想録である『戦藻録』にこう記した。

八月七日　在ツラギ飛行艇は七機共爆焼せられ七百人の守備隊関係奮戦し、通信隊の最後の電波は悲壮なるものあり。

この時「最後ノ一兵迄守ル　武運長久ヲ祈ル」と打電させた司令宮崎重敏は、横井俊之大佐の後任として六月に着任したばかりであった。

宮崎は最初の敵襲の報を聞いたとき「浜空の開戦以来の功績も、これですべてがしまいだ」と海に向ってつぶやいた。海をじっとみつめる目には涙が浮かんでいた。わずか数百名しかいない日本軍に対して、一〇〇〇〇名以上のアメリカ軍兵士が海から、空から攻撃し、そして上陸してきたのである。

浜空の命運はすでに尽きていた。しかし彼らは最後まで戦い続けるのである。「最後ノ一兵迄守ル」という誓いは偽りではなかったと、アメリカ側も認めている。『ライフ』に掲載された記事を、浜空会の関係者が以下のように紹介している。

その誓いは守られた。ツラギの日本軍は三十一時間にわたって頑強に抵抗した。守備隊のなかには、旧イギリス領ソロモン諸島行政官たちのクリケット場での自殺的突撃で戦死したものもいたが海岸後背地の丘陵地帯の深い洞窟にこもって、接近する海兵隊員に機銃砲火を浴びせつづけ、高性能爆薬が洞窟に投げこまれるまで沈黙しない者もいた。

日本軍が太平洋戦争で繰り返し採用することになる、この自然の要害を利用した戦法は、アメリカ軍にとっては新しい戦法であった。アメリカ軍は近くの「ガブツ」「タナンボコ」の蜂の巣状の丘陵地帯においても、多大の犠牲を払ってこれを学びとらなければならなかった。土手道でつながったこの両島でも、日本軍守備隊はツラギに劣らぬ激しい抵抗を行った。海兵隊はガブツ島にたどり着くのに言語を絶する困難を味わった。この小さな島はサンゴ礁に取り囲まれ、唯一の上陸可能地点である日本軍がつくった水上機用ランプは、アメリカ軍の海空からなる砲爆撃で破壊されていた。ランプに隣接する遮蔽物のない地点で上陸を余儀なくされた海兵隊は、丘陵地帯の守備隊の好餌となった。海兵隊が攻撃開始日の日没後まで延期したタナンボコ上陸作戦は特に悲惨だった。海兵隊が上陸した瞬間、軍艦からの援護射撃の砲弾が、海岸の燃料貯蔵庫に命中した。海兵隊は期待していた暗闇の援護どころか、燃えさかる炎にあかあかと照らし出されて、丘陵地からの砲火になぎ倒されたのである。

この三島の奪取に、海兵隊は戦死、行方不明合わせて一四四名、負傷者一九四名を出した。しかし日本軍の損害はもっと大きかった。推定八〇〇人の守備隊のうち約一〇〇人を残して全員が戦死した。約七〇人がフロリダ島に脱出したが、この島を掃討するのに数週間が必要だった。」（「ライフ紙になる第2次世界大戦―南太平洋編から（抜粋）」『貫義』第2号所収）

南海の楽園だったガブツ島にあった飛行艇は全機爆破され、穏やかな海も血の海と化した。アメリカ側の資料が伝えるように浜空は、このあと多勢に無勢の圧倒的に不利な戦いに挑んでいた。三八《さんぱち》式歩兵銃が合わせて三十七挺、七・七ミリ機銃三挺、修理中の十三ミリ機銃一挺、これがこの時の浜空が有していたすべての武器だった。しかもガブツとタナンボコは二つ合わせても藤沢市の江の島の広さに満たないところで、小高い丘が中央にあるものの、洞窟以外には身を隠すところもなかった。この中で二日間にわたって、敵の集中攻撃を浴びながら、耐えていたのである。しかしこの攻撃をかわすことなどできるわけもなく、ガブツ島は七日の夕刻までに全滅、タナンボコ島も翌日全滅した。

この全滅は、およそ二〇〇〇〇名が戦死・戦病死したガダルカナル戦敗北の「序曲」ともなった。

ツラギでの浜空全滅は固く秘されることになった。その頃横須賀にいた石毛は風の便りで浜空全滅を知ったという。上部の方でこのことを隠そうとしているのはなんとなく感じたという。浜空隊の荷物がまとめて倉庫の奥の方に隠されているという話を聞いたこともあった。のちに昭和十八年（一九四三）五月のアッツ島玉砕については国内でも大きく報じられたが、ツラギについては報じられることがなかった。そして日本に残された家族のもとに戦死公報が届けられたのは、昭和十九年になってからである。そこには「昭和一七年八月七日ソロモン海域に於いて戦死せり」と書かれてあった。

先に引用した「基地航空部隊第五空襲部隊戦闘詳報第七號」には行方不明としてこの時ツラギで亡くなった浜空隊員三八〇名の名前が載せられていた。この戦死公報を見て、宮崎司令の妻は、夫の死を悲しむとともに、預かった部下を皆死なせてしまったことに対して申し訳ないという想いを抱き続けることになる。浜空全滅の事実を知るまでは……。

浜空がいかに戦ったかを、実際に現場で目撃していた男が現れる。敵襲の電話を最初に受け取った宮川政一郎一等整備兵である。彼はあの地獄絵図そのものとなったツラギの戦いのあと、生き延びて、奇跡的に生還したのである。

地獄から脱出した男たち

「敵襲！」という電話を受け取ったあと、爆弾と艦砲射撃の集中砲火が浴びせられるなか、宮川政一郎は司令以下の幹部将校たちと同じ壕の中で敵の攻撃をしのいでいた。しかしこの壕が敵の正面にあったため、司令たちは反対側の壕に移動することとなった。ここで宮川は分隊長藤澤洋一大尉から「宮川と桜井は、この壕に留まり、敵の上陸を監視せよ」という命令を受ける。これがふたりの命を救うことになった。

この夜米軍は次々に上陸してきた。浜空の必死の抵抗の前になんどか後退するものの、兵力からいって米軍の優勢にかわりなかった。

翌八日朝再び米軍の猛攻がはじまる。午前十時すぎに宮川と桜井甚作三等工作兵が隠れていた防空壕の前にあった土嚢が崩れた。入口がふさがれ、さらには爆風のためふたりは飛ばされ、そのまま壕の中で気を失ってしまう。宮川が意識を戻したのは八日午後七時すぎのことであった。崩れ落ちた土砂のなかで、雨水の滴を感じ、ハッとわれに還った。身体を覆う土砂にもがきながら、やっと手足を動かすことができたとき、自分がまだ生きていることを知った。入口が完全に塞がれてしまったため、外の様子はまったくわからない、味方がどうなったのかもわからない、ただ米兵が英語でどなるような声は間近に聞こえてきたので、大勢がどうなったのかは察しがついた。桜井も無事だった。

　ここは六、七人入れる壕で、士官が緊急避難で使うところだった。入口はひとつで幅二メートル、高さ二メートル、奥は二十メートルぐらい入ると、二手に分かれて、わざと曲げてあるようにつくられていた。まっすぐにすると砲爆撃されたときの爆風でそのまま吹き飛ばされてしまうからだ。厄介なことにふたりがいた近くに不発弾が地面に突き刺さっていた。天井にはこの弾が突き抜けた穴があいており、ここに椰子の葉がかぶさり、かすかではあるが明かりが差し込み、なんとかお互いを確認することができた。ふたりはこの不発弾をもう一方にある穴にゆっくりと運びだした。

　桜井はこの壕に何度か食糧を運んだことがあったので、非常食の備蓄してあるところの見当がついた。真っ暗闇のなか、手で土をほじくり返して、なんとかさぐりあてると、そこから牛缶とみかんの缶詰が出てきた。飲み水は天井から落ちる地下水を手に当てて位置の見当をつけて、そこに空き缶を置いて溜めて飲んだ。非常食は数日でなくなってしまったが、彼らの命をつないでくれたのは梅干だった。何か出てくるかもしれないと空腹を抱えながら、暇さえあれば食糧を求めて土を掘るのが日課となっていた。そんなとき醤油の一斗樽を探り当てたふたりは期待で胸をふくらませた。防空壕に醤油を保管しているわけはない、どんな食糧が入っているのだろうと、先を争うようにしてふたりは必死になってこの樽の中身を取り出そうとした。

この時役立ったのは桜井が持ち歩いていた肉切り包丁だった。何時間もかけて丸い木のほぞを包丁の先でほじくってやっと開けると、そこから出てきたのは梅干だった。梅干ばかりではすぐ飽きるとがっかりするが、これが彼らの命をつなぐことになったのは間違いない。毎日五個ずつ梅干を食べながら、五十日間を過ごすことになった。

ふたりがいたところは、わずか一畳あまりの広さだった。入口がふさがれ地下水が排水されなかったため、そこに石を敷きつめ、その上に乾いた土をかぶせ、相撲の土俵のように盛り上げた。土が水分を吸ってじめつくので、毎日乾いた土を探してきては盛り上げる作業を日課にしていた。ここに上官が残していった外套と毛布を二枚敷いて寝た。寝たといっても、ふたりが横になる広さはないので互いが互いの背中に寄り掛かるようにして寝たという。こんな条件のなかふたりは壕の中で生き延びていったのである。

米軍は彼らが息をひそめて暮らしている壕の上に通信基地をつくりはじめ、さらには梅干も尽きてしまう。このままではじり貧で死ぬばかりだと、ここからの脱出を決断する。ふたりはあえて暴風雨の夜半をねらい、ここを抜け出し、米兵が張りめぐらした鉄条網をくぐり抜け、この島から二キロ離れたフロリダ島まで泳いで渡る。桜井はカナヅチだった。樽につかまりながらの必死の脱出であった。

フロリダ島でさらに二か月間、木の芽や山芋を食べながら生き延びていく。ある日サトウキビ畑で現地民と出くわしてしまう。ジェスチャーで何か食べるものがないかと伝えると、ついて来いというしぐさをしたので、ついていくと、ひとつの部落にたどり着く。ここでバナナやパパイヤ、南洋リンゴなどを出され、ふたりは夢中になって食べはじめる。

しかし、桜井が持っていたナイフをうまい具合に取り上げられたのを合図に、屈強な男たちが襲いかかり、取り押さえられてしまう。気づいたときは両手を手首から肘まで、両足はくるぶしから膝まで木の皮でぐるぐるに巻かれて、ふたりは袋叩きにされた。

このあと、若者たちがやって来て、結わえてある手と足の間に丸太を通して、まるで豚や猪を生け捕りにしたように前と後ろで担ぎ上げて運び出した。海辺まで運ばれ、丸太船に投げ込まれ、着いたところは米軍のツラギ基地だった。

米軍は現地民の酋長たちに、日本の敗残兵を生け捕りにした場合、褒美に刃物や布地を与えていたらしい。

この日からふたりは米軍の捕虜となり、最初はガダルカナル島の捕虜収容所に入れられ、そのあとニュージーランドのフェザーストン捕虜収容所に移送され、そこで終戦を迎えることになった。

ふたりが日本に戻ったのは、昭和二十一年（一九四六）のことであった。捕虜として捕らえられていたことで帰国してからも声をひそめるようにして暮らしていた。

のちに宮川政一郎は、かつて浜空に所属していた仲間たちがつくった浜空会に参加する。そのなかで、自分が見たあの惨劇をそして仲間がいかに闘っていたかを伝えるのは自分しかないと思うようになった。

ガダルカナルの戦いを膨大な証言を得て再現した亀井宏の『ガダルカナル戦記』は、その冒頭で、ツラギの戦いについて、証言やアメリカの資料などを駆使しながら再現している。しかし亀井は、ツラギに浜空のほかに配置されていた第八十四警備隊（司令鈴木正明中佐）に関する記述の中でこう嘆いている。

鈴木司令は、敵の上陸作戦をさとった時点で、前述の島の南東部の高地をよりどころとして、全力をあげて最後の一兵まで戦う覚悟をきめた模様である。

このように曖昧な表現をとるのは、この方面で戦った人びとのほとんど全員が戦死して、今日に記録がのこっていないためである。〝防衛庁戦史〟をふくめて、これまでに書かれたすべての戦史におけるこの方面の戦闘記述の出所は、例外なく米軍側の記録に拠るものである。あとに触れるが、フロリダ島に脱出して捕虜となって生きのびたひとが、いまでも日本のどこかに生きているはずであるが、そのゆくえをつきとめることができないままに、このくだりを書いている。

この本が出たのは昭和五十五年（一九八〇）である。それまで宮川政一郎も桜井甚作も自分たちは捕虜になっていたという負い目もあってか、生還した話をしようとはしなかった。

しかし亀井の本に誘われたわけではないだろうが、どうしてもあの圧倒的な不利な状況で闘って死んだ仲間のことを、さらにはこの戦いに至るまでの日本軍の作戦や方針についての検証もしなければならないという思いをいだいた。

そして、まず宮川がツラギの悲劇について語りはじめるのである。宮川はツラギの悲劇を伝える語り部となるのである。

第四章　ツラギを伝える

一本のテープ

私の手元に一本のカセットテープがある。「浜空玉砕の記録」と題されたこのテープには、宮川政一郎の朗読で、ツラギでの浜空玉砕のドラマが四十七分にまとめられ、吹き込まれていた。

もの悲しい「夕焼け小焼け」の旋律が一分ほど流れたあと、

この一編を横浜海軍航空隊戦没の霊に捧げるものである。昭和十七年八月七日、日本が太平洋戦争において緒戦の勝利に国内がわいている時のことである。南海の孤島ツラギ・ガブツ島にて突如米軍の反撃上陸を受け、二昼夜にわたる苦闘のすえ南海の露と消えた横浜海軍航空隊宮崎重敏司令官以下七〇〇余名の戦闘の記録である。

と重々しい声で朗読ははじまる。まずは昭和十六年（一九四一）九月に横須賀港から飛行艇母艦船「神威《かむい》」に乗り浜空隊員が日本をあとにしてから、昭和十七年八月七日に米軍の攻撃を受けるまでの、輝かしい浜空の戦歴が語られる。

そして八月七日早朝の突然の米軍の空襲により、離水直前の飛行艇が爆発炎上、さらに敵艦船や航空機からの攻撃を受け、陸戦の経験に乏しく、武器もほとんどないなか、必死に反撃する様子が効果音をまじえて語られる。そして二日間の戦いの終わりをこう結んでいる。

昭和十七年八月九日あけやらぬ未明の頃、粛として声はなく浜空隊はついに玉砕したのであった。そして援軍の到来はついになかった。

なぜ宮川はツラギのことを語り、それを残そうとしたのか。彼のインタビューをもとにした新聞記事がその理由についての手がかりを与えてくれる。

昭和五十五年（一九八〇）十一月九日の『読売新聞』社会面のトップ記事「人間劇場」に宮川が写真入りで大きく紹介されている。この記事の中で宮川は、米軍のツラギ上陸の時、入っていた壕にとじ込められ、それが幸いして玉砕後も桜井と共にここで生きのびた。さらに近くのフロリダ島まで渡り、逃亡生活をしたあと現地民に見つかり、米軍の捕虜となったことを記者に説明し、帰国してからずっと捕虜になっていたことに負い目を感じていたと語っている。

昭和二十一年二月に宮川が復員してみると、「ソロモン方面で行方不明」という戦死公報が届いていた。宮川はこれを見て、亡くなった戦友たちの家にもこれと同じ通知が届いているんだと思ったとき、生き残ったことが後ろめたく思い「貝」になった。
しかし、十二年前、「浜空会」という戦友会があることを知り、誘われて顔を出してから、今は団体役員の宮川さんは「自分が見たままを伝えなければ、玉砕した人たちの遺族はいつまでも納得できないんだ」と気づいた。

遺族になんとかして戦友たちがどのように戦って、死んでいったかを伝えなければならない、その思いからつくられたのがこのテープであった。宮川はさらに、「タナンボコ島横浜航空隊玉砕の日」と題された手記を発表し、いままで誰も知ることができなかった浜空玉砕の真相を明らかにした。亀井宏が『ガダルカナル戦記』で書けなかった空白を埋めただけでなく、浜空隊員の壮絶な最期を後世に伝えることになった。
そしてこの宮川の思いは遺族の心にしっかりと届くことになった。宮川の手記を読んだ浜空隊一番機指揮官藤澤洋一大尉の未亡人妙子から手紙が届く。

主人がどこで戦死したかも判らず今日までもんもんとして過ごしてまいりました。ある人に主人を駅で見たなどと云われ、今日までお墓も建てずに来ましたが、これですっきりしました。法事をしてお墓を建てます。

としたためられた手紙を読んで、宮川は胸を熱くする。
さらにもうひとり、「敵兵力大　最後ノ一兵迄守ル　武運長久ヲ祈ル最後マデ闘ウ」と電文を送った宮崎司令の妻からも手紙をもらった。

過去のあやまちは致方ございません、せめて後世のいましめとして、事の次第を後世に伝え、霊魂安かれと願うばかりです。宮川様によりまして戦況が明らかにされます迄は、多くの部下を戦死に至らしめた、司令の遺族としまして、皆様に申し訳のない気持で苦しんで参りました。が只今では事の次第はともあれ、すべては悪い運命と心に言いきかせまして、皆様の御冥福をお祈りさせて頂いておりますが、せめての慰めでございます。

とその手紙には書かれてあった。夫を失った悲しみだけでなく、部下を死なせた司令の妻として申し訳ないという思いに長年苛まれていた苦しみを思うと胸が痛くなってくる。
宮川のツラギを伝えるというその思いは、その苦しみから少しでも救ったことはまちがいがない。宮川はテープをつくったこと、そして手記を発表してほんとうに良かったと思った。

雷爆隊員の遺族探し

ツラギの悲劇の二か月前に、仲間を残し日本に戻った石毛幹一もまた、生き残ってしまったという負い目のようなものにつきまとわれていた。その思いにつきあげられて取り組んだのが、ツラギで亡くなった雷爆隊員（魚雷整備などの担当）の遺族探しだった。

宮川の思いを伝えた読売新聞の記事に、二週間後に浜空第一分隊の雷爆隊員だった人たちの集まり「ツラギ散華雷爆慰霊祭」が開かれることも告知されている。

記事によればこうした集まりが開かれるようになったのは、玉砕寸前に雷爆隊員二十人が、ラバウルの残留部隊に出した手紙や写真が最近になって発見されたことがきっかけとなった。しかし、遺品を遺族たちに届けようにも、二十人のうち十八人の遺族が不明のため、遺族を探すための集会を開くことになったのだ。この記事にはこの手紙と手紙を出した戦死した浜空雷爆隊員の名前が掲載されている。

昨日空襲の際、敵ボーイングに水上戦闘機が体当たりを食わせ目の辺り敵が火炎に包まれて墜落するのを見ました。（西田六蔵・本籍・東京）

水入らずの偵察員が愛しの我が家で暮らして居る。分隊のオカミさん役の君も何かに付け

ツラギ散華雷爆慰霊祭の祭壇　石毛幹一氏提供

忙しいことでせう。又歯が痛くなったアー痛。八月一六日頃ラバウルに帰るそうだ。（蛇川栄助・本籍・千葉か東京）

当方は池野弘がマラリアにて入室致して居るほか元気で励んで居ります。（竹田健二）

此の間チャーチルのアダナを持つブタ殺しました。それはうちの隊の佐藤賢三郎（本籍・山形）のマサカリでやったのです。（藤巻）

この記事の反響は大きく、記事が出てから続々と遺族や知人から情報が寄せられ、多くの遺族の所在地が明らかになる。

記事掲載の翌昭和五十六年（一九八一）一月、石毛幹一は厚生省援護局に出向き戦死者本籍を調査し、それをもとにその本籍地の役場に照会し、残された不明の遺族を探しつづける。

昭和五十七年三月には新しく判明した遺族宅を訪ね、宮川のテープや写真などを届ける。石毛は東北地区を担当して回った。そして四月に長野の善光寺で戦友・遺族二十六名が集まり、慰霊法要を行った。

そしてこの時にこうした集いを長くつづけていくために、石毛たちは『貫義《ツラギ》』という会誌をつくることを決め、五月に創刊号一〇〇部を発行している。

石毛幹一については、さらに次の第五章で詳しく書くことにする。

もうひとりの生還者

宮川政一郎と共に奇跡的にツラギから帰還した桜井甚作も、自分が生き延びた記録を世に残していた。『地獄からの生還―ガダルカナル戦　かく生き抜く―』と題された本が、平成五年(一九九三)に自費出版された。何故この本を世に出すことにしたのか、桜井はまえがきでこのように書いている。

私は大正十年(一九二一年)生れの酉歳、今年六月満七十二歳になります。私と同世代の多くの人たちは、いまから五十年前の第二次世界大戦にはじまった大東亜戦争―太平洋戦争の犠牲となり、内地、外地の別なく、生と死の境を身を以て体験された方が多いと思います。

じつは私もその一人なのです。真珠湾攻撃の成功も束の間、ミッドウェー海戦の敗北により、米軍のガダルカナル島反撃がはじまり、日米の死闘が繰り返されましたが、ついに日本軍は、全滅にちかい大打撃をうけました。九死に一生を得た私は、間近に多くの戦友の死に直面し、こうして自分自身が生きていることが、何とも不思議でなりませんでした。

つたない筆で綴ったこの手記は、当時横浜海軍航空隊工作兵であった私のガダルカナル敗戦記録です。いわば一個人の、それもしがない一兵士の私が実際に体験見聞したものを、すでに忘れかけていた記憶の中から、一つ一つ拾い出したものですから、記述に多少の相違や、正確さに欠けるところもあろうかと思います。二度とあってはならない戦争の隠れた裏面史としてお読みいただければ幸せに存じます。

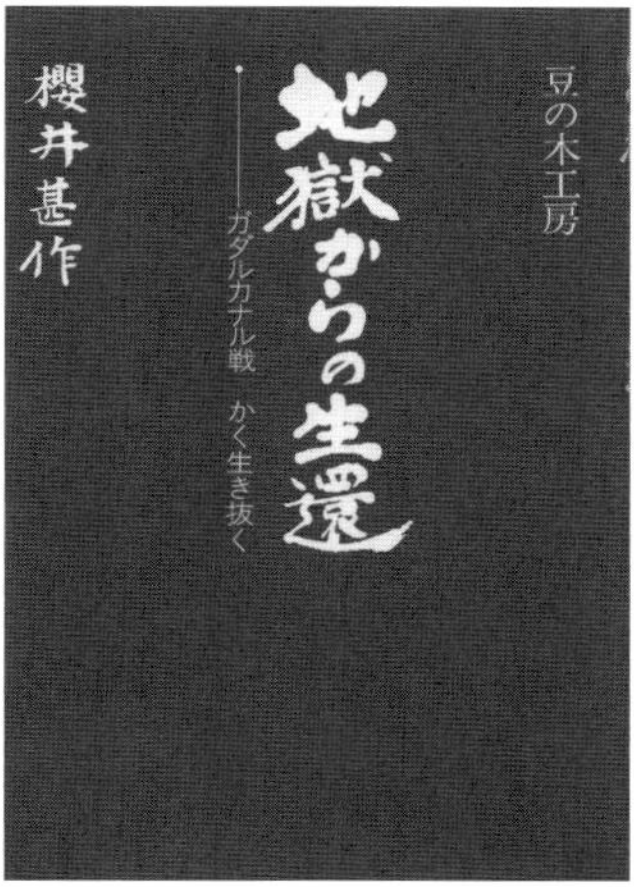

『地獄からの生還』櫻井甚作著
豆の木工房刊

宮川政一郎の記録はいかに浜空隊員が戦い、全滅していったかを実際にそれを目撃したものの目で後世に伝えようとしていたのに対して、この桜井の回想手記は、過酷な状況の中を、ふたりでいかにして生きのびたのかを伝えようとするところに重点が置かれている。そのため宮川がほとんど言及していないガダルカナル島とニュージーランドの捕虜生活についても詳しく書いている。さらにこの本には桜井自身が描いたスケッチも多く収められ、実際に体験したことをリアリティをこめて伝えることに成功している。

味方がいない、米兵と現地民しかいない島で、ふたりは地獄のような状況の中で必死に生き抜いていく。タナンボコ島から泳いで脱出するときになって、カナヅチの桜井はふたりの命を五十日間繋いでくれた梅干の入っていた樽を浮輪がわりにする。このときのことを彼はこう回想している。

しかし、私は死に物狂いで樽にしがみついているのが精一杯。樽の中には、雨と波とがすぐ溜まり、二人は気持ちを合わせて、一、二の三と、樽を頻繁にひっ繰り返しては水を出した。そのたびに泳げない私は体が沈み、立ち泳ぎのように足をばたつかせるのだがうまくいかず、潮水を飲みアップアップしては樽に必死につかまっていた。

無人島についてここで過ごした一晩のことが、桜井にとって人生で一番辛い時となった。

この時の一日一晩はいまでも忘れられない。ふんどし一丁で、膝をかかえ、おたがい背中合わせになっているだけだった。

（中略）

恐怖と疲労とひもじさとで、びしょ濡れのまま、何も喋らず頭も朦朧とした中で、長いことじっとしているのは地獄の苦しみだった。

ああ、こんな目にあうなら、前の防空壕のほうが良かったと後悔した。

この時堪え忍んだ苦しみは、忘れようとしても忘れられず終生心の中にしみついている。浮き世の苦労など、これに比べれば大したことではない。今は、困難にぶつかったとき、このときの苦境を思いだしては励みにさえしている。死線を越え、九死に一生を得たというのは、このことをいうのだろう。

翌日無人島から西フロリダ島を目指し、今度は丸太につかまって渡り切るときも、鮫に遭遇するなど、まさに九死に一生を得ての脱出行となった。島に渡ったあとも、密林で米兵の射撃を受けたり、毒蛇に遭遇したり、裸足の足で歩いてウニのトゲに刺さったりといつも死と向かい合わせの日々を過ごす。そんな中で生き延びていけたのは、まさにサバイバル術とでも言える知恵であった。裸足で珊瑚礁の上を逃げ回っているうちに足の裏が真黒になるぐらいウニのとげが刺さっていた。これではとてもじゃないが歩けないということで、桜井は現地人が住んでいたいまは空き家になっているところから木の箱を盗み出し、それで下駄をつくる。そのときの鼻緒にしたのが、タコと呼ばれる木の葉であった。現地人が織物をすべてこのタコからつくっていたのを思いだしたのだ。この他にもビンに海水を入れて日向に下げておいて濃い塩水にして、それを調味料がわりに使ったり、塩水をトタン板に流し、塩をつくったりもした。飲み水はあちこちに穴を掘り、穴の底にタコの木の葉や芋の葉を敷いて、雨水を溜める水たまりをいくつもつくっておいた。こうしたおよそ三か月にわたるサバイバル生活は現地人にとらわれ、米軍に引き渡されたことによって終わり、それから三年間にわたる捕虜生活がはじまった。最初はガダルカナル島にあった捕虜収容所に収容されていたが、昭和十七年（一九四二）十二月にニュージーランドのフェザーストン捕虜収容所に移送され、そこで終戦まで過ごすことなる。桜井の手記はここでの生活についても詳しく語っている。

よほどここでの生活が思い出深いものだったのだろう。桜井はフェザーストンを昭和六十一年（一九八六）に訪れている。

ツラギとガダルカナル

桜井の『地獄からの生還―ガダルカナル戦　かく生き抜く―』の巻末には特別寄稿として、「あの塚は、今」という一文が収められている。これを書いたのは嬉《うれし》昌夫、平成四年（一九九二）現在ツラギに住んでいるとある。

宮川や桜井が彷徨ったツラギやタナンボコ島がどんなところだったのか、いまはどうなっているのか知りたくて、日本・ソロモン友好協会を通じ、嬉に連絡をとってみた。メールを出してからすぐに電話が入った。奇遇としかいいようがないのだが、私と同じ横浜市金沢区にお住まいであった。さっそく会いましょうということで、数日後金沢文庫駅近くの喫茶店でお目にかかった。嬉はガダルカナルやツラギ島の地図や写真を見せながら、桜井との出会いやツラギでの暮らしについて話してくれた。

嬉は石川島播磨重工業の造船部門で六十歳まで働いた後、平成四年にＪＩＣＡ（国際協力機構）の造船指導専門職として採用される。その最初の勤務地がツラギだった。ツラギがガダルカナルという激戦地の近くにある島というのは知っていたので、どんなジャングル地帯なのかと思ったら、意外に都会だったのにびっくりしたという。それもそのはずで英国総督が住んでいた島で、ゴルフ場や立派な施設もたくさんあった。オーストラリアとの貿易が盛んでココナツヤシの輸出をしていたこともあって、三〇〇〇トン級の船が発着できる立派な港もあり、全体で四つの島からなるツラギのあちこちには立派な商業施設もあったという。四つの島に囲まれた内海は穏やかで波もなく、まるで湖のようで、飛行艇が発着するにはもってこいのところだった。嬉が指導する造船所も戦前からあったものだという。これが最初のツラギの印象だった。そんな嬉にとって大きな転機となるのは、ガダルカナル島のあちこちに日本人のものと思われる人間の骨が転がっているのを見てからだという。嬉はこう語った。

開戦の時私は小学三年生、戦争のことは知っています。今度の戦争でたくさんの兵隊さんが死んでいます。特にガダルカナル島の戦いでは餓島と言われたように多くの人たちは食べるものがなくて死んでいったわけでしょう。そんな人たちの骨が、森をちょっと入るとほったらかしになって、あっちこっちにあるんです。かわいそうでしたね。涙がとまらなかった。でもこれは最初のうちだけでした。泣いている暇がないくらい、拾っても、拾っても骨があるんです。ビニール袋に骨を入れて、一杯になったら大使館にもっていきました。当時は私たち民間のものが処理できませんでした。大使館に慰霊室があってここにもっていくしかなかったんですね。これは仕事どころじゃないって思いましたよ。

ツラギにいた二年間はとにかく遺骨の収集をやり続けることになります。ちょうど私が島にいたときが、ガダルカナルの戦いから五十年ということもあって、全国あちこちから、戦友たちが仲間の遺骨集めに島に来たんですね。日本政府は何もしてくれないんですよ。みんな自費でやって来て、遺骨収集をするんですね。福岡とか新潟とか、仙台からも来ました。私がこうした人たちが来るとその案内をやることになりました。

最初は自分で遺骨を集め、今度は全国あちこちから来られる遺骨収集団の案内で、たぶん五十回ぐらいガダルカナル島に渡り、遺骨収集のお手伝いをしていました。たぶんひと月に一組とか二組は来てましたね。大使館は対応できないんで、私がそれこそ臨時大使館員みたいな証明書をもらって、空港に出迎えにいったり、いろんな手続きをしました。

造船屋だった嬉の人生は、ツラギに来て大きく変わった。ガダルカナルでの遺骨収集からはじまり、島内のあちこちを歩くなかで、ガダルカナルでの戦争がいかなるものだったのかを島に残っていた米軍関係の資料を調べ、さらにその戦地をひとつひとつ歩きながら、記録をつくりはじめる。

二年間のツラギ勤務のあと、モロッコ、フィリピン、インドネシアでＪＩＣＡの造船指導の仕事をしながら、ガダルカナルで亡くなった人たちの戦跡をたどる旅に同行したり、また全国各地の団体に呼ばれて講演したりすることになった。嬉の第二の人生はまちがいなくガダルカナルと共にあったといってもいいだろう。

桜井の本に嬉が寄稿するのも、こうした全国に張りめぐらされたガダルカナルネットワークがきっかけとなった。ツラギでの思い出を書こうと思っていた桜井は、やはり五十年前のことになるので、だれかいまのツラギのことを知っている人はいないかと各方面に働きかけ、尋ねていた。それを知った人が嬉を紹介して、桜井から手紙をもらうことになったという。


桜井さんは、自分たちが隠れていた洞窟がどうなっているのかとても知りたがっていました。当時戦闘中は丸裸だったガブツやタナンボコ島はいま、鬱蒼としたジャングルに戻っていました。ガブツで洞窟を一か所、岸壁に高射砲、海中に破壊された水上飛行機の残骸も見つけました。タナンボコ島では五つの洞窟を発見しました。桜井さんが入っていたと思われる防空壕も見つけました。確かこのときは防衛大学校の学生が研修とかでガダルカナルに来ていて、彼らと一緒にこの洞窟を撮影しました。

桜井さんとは何度かお目にかかりましたし、この本ができたときは出版記念パーティーを御茶ノ水でやったのですが、ここにも招待してもらいました。年賀状のやりとりはずっとしていたのですが、何年か前に奥さんから主人がなくなりましたというおハガキをもらいました。

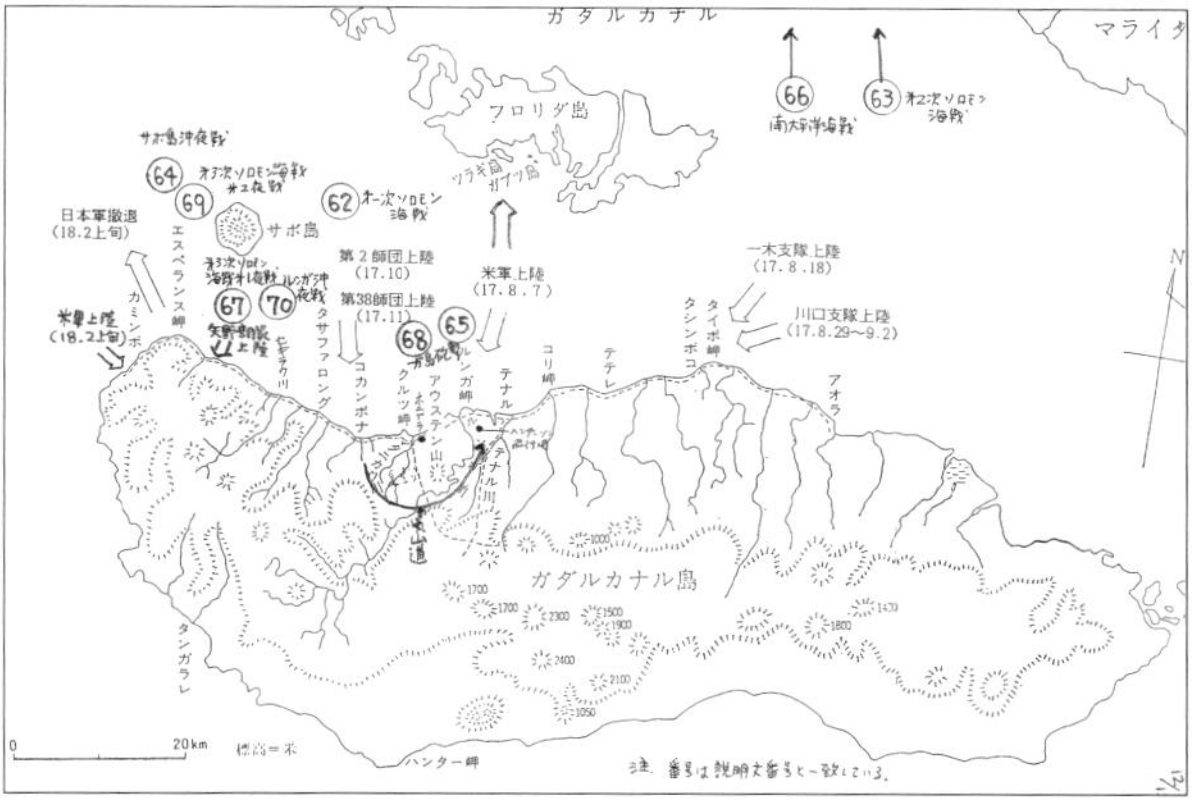

「ガダルカナル陸と海のいしぶみ」　嬉昌夫氏提供

最後に嬉は、「ガダルカナル陸と海のいしぶみ（日・米、死闘の戦跡地）」と題されたプリントを差し出した。

私は一九九一年から一九九三年の二年間ガダルカナル島と対岸のツラギ島に滞在した。仕事は日本の国際協力の一環として、ソロモン国営造船所の指導であった。その間、ガダルカナルとツラギ地区の戦跡地を度々訪ね、五〇年前の激戦をしのび御英霊に黙祷した。この小冊子は、私の訪れた主要戦跡地を纏めたものである。ガダルカナル島を訪ねる方々のお役に立てれば幸いである。

とはじめにあり、そのあと全部で七十の戦跡地を紹介し、戦跡をマークした詳細な地図もついている。まさに実際に歩かないと書けない記録である。嬉はさらにこう語った。

これはガダルカナルの全戦場を生き残った皆さんと一緒にまわってまとめたものです。あちこちの集まりで呼ばれたときにこれをお渡ししているのですが、「よくまとめてくれた」と言われました。もうこういった方々もほとんどご存命ではないでしょうね。

私がツラギにいたとき、ちょうどＪＩＣＡの青年海外協力隊が二十人ぐらいガダルカナルに来ていた時がありました。彼らは戦争がここであったということを知らなかったんですね。それでガダルカナルのホテルにこの若者たちを集めて、ここでどんなことがあったのか話したことがあります。戦争がここであって、どれだけの人たちが亡くなっていったかということを伝えないといけないですね。

遺骨収集をつうじてはじまった、ガダルカナルの日本兵がいかに戦っていかに死んでいったかの調査をいつかまとめようと思ったが、すっかり年老いてしまい、それは叶わなかったという。

しかしガダルカナルの戦いで亡くなった日本人の遺骨収集、そして遺骨収集団の世話を通じて、嬉は多くの人たちの力になった。ガダルカナルのことは嬉に聞けといわれたことがあった

ツラギの碑

という。そうした嬉の思いが、このプリントに込められているといっていいだろう。

ツラギの碑

かつて浜空神社があった場所の一角に、浜空会のマークとなっている海鷲が彫られた大理石つくりの碑が建っている。ここには次のような詩が刻まれている。

題　濱空
大鵬渡海奏奇功
離島守防意気隆
衆募難勝嗟惨々
至誠不抜憶濱空
昭和四十六年十月二十一日

ソロモン・カブツ島に於

草鹿任一

これを読み下すと以下のようになる。

浜空に題す

大鵬海を渡り　奇攻を奏す
離島の守防　意気隆《さかん》なり
衆寡《しゅうか》勝難く　嗟《ああ》惨々
至誠不抜《しせいふばつ》浜空を憶《おも》う

これは昭和四十六年（一九七一）、南方での戦没者慰霊のためにガブツ島を訪れた、元南東方面艦隊司令長官草鹿任一《じんいち》中将が詠じた詩であった。さらにこの碑の裏には次のような字句が刻まれてあった。

浜空の碑

この地に原隊を有せし
飛行艇隊元横浜海軍航
空隊は昭和十七年八月
七日未明南太平洋ソロモン群島
ツラギに於いて米軍の反攻上陸を受
け二昼夜にわたる死闘
の末宮崎重敏司令外五
百余名全員玉砕せりこ
れらの人々の冥福と恒
久平和を祈念してこの
碑を建立す
　昭和六十一年四月吉日

この碑の側面には宮川政一郎の名前が彫られてあった。ツラギで亡くなった仲間を鎮魂するために宮川が建立した碑であった。宮川がまさに執念で建立したこの碑によって、私たちはツラギの悲劇に思いを馳せることができるようになった。

第五章　浜空生き残り隊員の回想

九十三歳の元浜空隊員

富岡総合公園のなかにある「鎮魂　海軍飛行艇隊」の碑を守るように、周囲を囲う立派な石造りの柵がある。門柱にはこの建立に寄付した三人の名前と住所、年齢、軍隊での所属が刻まれている。加藤亀雄、坂井弘行、石毛幹一の三人である。

はじめて浜空会世話人代表を務める加藤亀雄を訪ねたときに、紹介してもらったのが石毛幹一であった。柵には、「横空　浜空　高雷爆十三志」とあった。九十歳を越えているが、「かつての浜空隊員で、いま昔のことを思いだして話せるのは石毛さんしかいない。とても元気で記憶もしっかりしているので、ぜひ会うように」と勧められた。すぐに手紙を書いて、早速お目にかかることになった。

石毛の住まいは浜空の伝説的パイロット橋爪寿雄大尉が住んでいた磯子区滝頭にある。磯子駅まではバスがあるというので、駅近くで三度お目にかかり話を聞かせてもらった。

石毛はあちこちの隊を転々としたので、浜空に在籍していた期間はそんなに長くはないというが、ラバウル、ツラギと浜空隊員と共に行動していたし、富岡の基地にもいたことがある。私が最初にお目にかかったときは九十三歳だった。杖を頼りに歩いてはいたものの、戦後友人の勧めで弓道をしていたということで足どりもしっかりし、なによりも、よどみなく過去のことを思い出して語ってくれたのには驚かされた。

石毛についてはすでに第二章と第三章で、その証言などを紹介している。ここでは石毛の人生をたどりながら、ひとりの元浜空隊員の生きざまを見ていきたい。

浜空入隊まで

石毛幹一は大正十年（一九二一）六月一日、千葉県香取郡の農家の次男として生まれた。七人兄弟の下から二番目、男は兄がひとりいるだけで、他は女ばかりだった。

高等小学校卒業後農業の手伝いを二年間やるが、このまま農業の手伝いを続けるのは嫌だ、なによりも勉強をしたいという思いがふくらむ。こんな時海軍にいけば勉強ができるということを聞いて、海軍を志願する。

予科練は適性試験でひっかかり落ちてしまい、横須賀海兵団に入団、海軍四等水兵となり、まずは新兵教育を受けることになった。昭和十三年（一九三八）六月一日、十七歳のときである。ここでの半年あまりの新兵教育が山育ちの少年にとってはまさに地獄の特訓となった。

とにかく地獄のような苦しい毎日でした。何度か意識がなくなりそうになって、このまま死んでしまうのかと思うことが何度かありましたよ。まず泳ぎです。この特訓がほんとうにきつかった。周りに海も川もなかったので、これまで一度たりと泳いだことがなかったんですから。

最初は五十メートルプールで練習するのだが、背も低く、底も深いので立てない、そんなあっぷあっぷの状態でとにかく必死になって足をばたばたさせる。その繰返しからなんとか犬掻きで五十メートル泳げるようになる。毎日やらされているうちに一か月ぐらいで五十メートル往復できるようにはなった。それまではまさに地獄の特訓であった。上官が青竹を持ってプールサイドに立っていて、苦しくなってプールサイドに行くと、思い切りこの青竹で殴られた。こうやってプールで何とか泳ぎを覚えたところで、こんどは海で泳がされた。死に物狂いで訓練をつづけるなか、なんとか十月には三〇〇〇メートル泳げるようになった。

泳ぎだけでなく、肉体的に一番きつかったのは大砲の撃ち方だった。それにカッターボート漕ぎもきつかった。毎日五時起床、八時から訓練、夜も寝るまで訓練が続いた。

まあよく身体がもったと思います。これだけでも大変なのに陸戦の訓練もありました。卒業前に配属先の希望を提出させられたので、その時は駆逐艦を希望しました。それで中国に行くことになりました。

新兵訓練が終わり、十一月十五日海軍三等水兵を命じられ、最初の任地中国上海に向かうことになった。横須賀から佐世保に向かい、十一月二十二日、佐世保を出て上海に向かった。水雷艇「隼《はやぶさ》」に乗船して揚子江を、四艇がまとまってのぼっていくのだが、とにかく揚子江の大きさにびっくりしたという。そしてもっとびっくりしたのは、上海に着いた時のことだった。この街の一画に海軍陸戦隊が三〇〇〇人ほど駐留していたが、町がすっかり焼け野原になって、瓦礫の山、コンクリートでできた建物がボロボロになっているのを目にした。これが自分の国だったらえらいことだ、自分の国で戦争するもんじゃないとつくづく思ったというのだが、結局これが現実になってしまう。

石毛の任務は揚子江の警備だったが、ここで初めて死の恐怖を経験することになった。喫水の浅い「かしわ丸」というプロペラで動くプロペラ船に乗っていた三人の日本兵が拉致されたのを救助に行ったときのことだった。山の稜線に立ったとき突然敵の銃弾が飛んでくる。

びっくりしましたね。あの時は。もうノドがカラカラになってね。恐かったですよ。なんとか銃弾を逃れたいっていう気持ちで、どんな小さな石のかげでもいいから隠れたいと思いました。

戦争の恐怖、死の恐怖を身をもって体験した石毛だが、このあと戦地を転々とするがこれ以外に交戦の場に立ち会うことはなかったという。

翌年五月に横須賀航空隊に転属、八月には海軍水雷学校入校。ここから石毛の魚雷との付き合いがはじまる。昭和十五年（一九四〇）二月に雷爆兵器術専修科を卒業、このあと海軍二等飛行兵となり、横須賀海軍航空隊付を命じられた。その後石毛はあこがれだった浜空への志願が通り、昭和十五年三月二日に浜空に配属された。なぜ浜空だったのか。

飛行服姿の石毛幹一　石毛幹一氏提供

南洋への憧れでしょうね。パイナップルとか椰子の実が生えている南国、それを好きなくらい食べられるんじゃないかとかね、裸で一年中いられるんじゃないかとかね、とにかく南に行けるというのが大きかったですよ。

石毛が浜空に入ったとき、富岡の浜空基地はさらに拡張工事が続いており、いま神奈川県警察第一機動隊が車庫として使用している第三格納庫はまだなかった。

石毛がはっきりと覚えているのは、基地の中にあった「遺愛の松」だった。これは三条実美の別荘にあった由緒あるもので、戦後もこの松はまだ残っていたという。

まだこの頃はのんびりしていたもんです。暇があれば海へ行って、蟹を捕まえたり、アサリを捕って食べました。そういえば横須賀にいたときも、兵隊さんたちは野原でうさぎ狩りをしていました。

しかし、基地の警備は厳重で部外者はすべて立ち入り禁止。漁師も入れなかったという。

浜空での訓練中にまた死と直面することになる。横須賀沖の猿島で魚雷投下の訓練をしている時に、突然投下装置がきかなくなる。しかたなく燃料がなくなるまで上空を旋回していたが、今度は着陸するときに脚が出なくなり、なんとか胴体着陸で切り抜けることができた。

ツラギから横須賀へ

昭和十五年（一九四〇）六月に石毛は初めて南洋航海に出る。この時はサイパン、パラオ、トラック諸島、マーシャル諸島を回った。石毛の南洋航路はいつも飛行艇母艦「神威」と共にあった。当時はまだこのあたりには、基地らしい基地はできていなかった。「神威」には、魚雷になくてはならない圧搾空気を常備していた。

あれだけ憧れていた南国の暑さだったが、実際に味わうことになったのは、半端ではない暑さだった。まともに船内で寝ることができず、ゴザをもって甲板で寝る方が多かった。水も少なかったので、スコールが降ると、みんな大喜びで甲板に出て、水を浴びていた。

昭和十六年五月の珊瑚海海戦で初めて魚雷を積んだ飛行艇に乗って出撃したが、交戦することはなかった。そして前述したようにこのあとツラギに魚雷を運んだが、ツラギ全滅の一か月前に横須賀勤務を命じられ、ツラギを離れる。

小さな島でした。みんながんばったんですね。米軍の反撃がこんなに早くあるなんて誰も思っていませんでした。亡くなった人たちはみんな立派な兵隊ばかりでした。雷爆の仲間も二十人ぐらいいました。もちろん仲間が死んだわけですから、ショックでしたが、死ぬということに対しては、それほど深刻に受けとめなかったですね。兵隊は戦死するものと思っていました。

ツラギから横須賀に戻り、海軍水雷学校第十六期高等科航空兵器術雷爆練習生となり、翌昭和十八年一月に卒業したあとは、一等整備兵曹として教員の任につき魚雷の開発実験に携わる。勤務地はいま日産がある横須賀市夏島の海軍航空技術廠で、ここで新しくつくられた航空機に魚雷をどうつけるか、どんな角度で海面に発射するかなどを研究開発することになる。十九年十一月に上等整備兵曹に昇進する。

昭和十九年二月、石毛は硫黄島で勤務することになった。サイパンに一式陸上攻撃機三十六機が進出することになり、魚雷装備のために急遽サイパンに行く。ここに一か月滞在したあと、横須賀に戻る途中、硫黄島に寄るよう命令が下った。硫黄島にドイツから購入した魚雷発射のための圧搾空気をつくるコンプレッサーがあったが、説明書もなく現地にはその使い方がわかるものがいない、ということで石毛が呼ばれる。石毛はこのコンプレッサーの使い方を熟知していた。この使用法を教えるために硫黄島に二か月ほど滞在することになった。

硫黄島の上空にいたときから硫黄の匂いがしてきました。水もなくてね、飛行機に溜まった水を飲んでいましたよ。硫黄の湯気で米が自然に炊けてしまう、そんな地獄のようなところで、みんなよく戦ったと思いました。

硫黄島が玉砕するのは昭和二十年三月である。このときの硫黄島の第二七航空戦隊司令官はかつて浜空の三代目司令を勤めていた市丸利之助《りのすけ》であった。

各戦地での敗北が続き、敗色濃厚の気配が漂っていた。しかし石毛は負けることは考えていなかった。

勝たなければならない、どうすれば勝てるかしか考えていなかったですね。負けるなんてことはまったく考えていませんでした。特攻のことはよく知っています。戦争末期になって日本が不利な状態だということはわかっていました。でもアメリカの空母を特攻機が一機で沈没させれば、勝てるって思っていました。一機一艦でしか戦争に勝てないと思っていましたね。

終戦の年となる昭和二十年三月からは陸戦訓練が始まりました。飛行機もなければ、燃料もなくなっていました。あとは本土決戦でということですね。五月、六月と横須賀で爆雷をもって戦車の下にもぐる訓練を受けていました。飛行機も飛べない、陸上戦しかないわけです。穴を掘って戦車に向って手榴弾を投げる、その訓練です。命が惜しいとは思いませんでした。ただ負けてはいけないと思っていました。

八月十五日の終戦の日は山形で迎えることになる。陸軍基地で兵器整備係を務めていた。

正午のラジオ放送は直に聞きました。自分の立っている大地がくずれて、底におちてしまう、というか吸い込まれてしまう、そんな絶望感に襲われました。絶対に負けない、負けちゃいけない、勝つためだけに生きてきましたからねえ、だからこのままじゃいやだ、横須賀に戻ってまたやる気でいました、ですが上官の矢口少佐がこれからは無茶なことをせずに国のために尽くせと諭してくれました。

石毛はこのあと横須賀に戻り、九月一日正式に除隊、その後残務整理をやらされることになった。そこで痛感したのは、これからは英語をやらないと生きていけないということだった。米軍兵士とのやりとりが多くなったことが大きい。石毛が海軍をめざしたのは、勉強をしたいという思いからだったし、海軍に入ってからも石毛は魚雷開発のために日夜勉強を重ねてきた。魚雷の技術書は貴重品なのでひとりひとり持つというわけにはいかず、図書館のようなところにおいてあった。石毛はそれを借り出して夜遅くまで勉強していた。そんな彼の向学心が戦後は英語学習に向うことになった。

彼は英語の塾に通いはじめる。このことが彼の人生をまた変えていくことになった。この塾の先生が電話関係の仕事をしており、ここで国際電信電話会社（ＫＤＤ）の仕事を紹介してもらい、ここに就職、定年まで働くことになる。いうまでもなくＫＤＤは当時の一流企業のひとつであった。

結婚もし、子供も生れて安定した生活を送るなか、石毛の中にツラギで、硫黄島で、そしてその他の戦地で亡くなった仲間への鎮魂の思いがふくらんでいく。特にツラギで亡くなった戦友たちのことはひとときも忘れることができなかった。

みんな陸上戦闘の武器もないなか、徒手空拳の浜空隊員がどんな悲惨な戦いをしたのか、どれだけ無念だったろうと思うと涙が出てきてとまらなくなります。身寄りの人から浜空隊員の消息を聞かれても答えようがないことが何度もありました。それで戦後米軍の資料を漁って浜空の最後の様子を知ろうと思ったのですが、勝者の弁だけからでは真相はわからないですよね。それが宮川政一郎君から話を聞いたり、回想を読んだりして、やっと真実が明らかになった、しかしよくもまあ、神は浜空の最後を伝える人を残してくれたと思いますよ、宮川君のテープを聞くたびに涙が流れましたよ。

そしてこの真相を伝えるべく、石毛の鎮魂の旅がはじまるのである。

鎮魂の旅

第四章で紹介したように、浜空雷爆隊員がツラギで戦死する一週間前に書いた手紙と写真が見つかったことで、生き残った浜空隊員たちはこの遺筆と遺影を遺族のもとに届けようと立ちあがる。この中心メンバーとなるのが石毛だった。

石毛は仲間に呼びかけ、昭和五十五年（一九八〇）三月二十日に集まりを開き、遺族探しをすることを決定し行動に移す。まずは八月に戦死者の遺筆コピー遺影並びに行動記録を写真複写して、全員分のアルバムを作成した。そして新聞に記事が掲載されたあと、飛行艇隊員の名前と遺族十数名の所在地が判明、遺族も参加して、東京で第一回慰霊祭を行い、遺族に用意した宮川政一郎作成のカセットテープとアルバムを渡す。

慰霊祭後に開かれた懇談会では、まだ見つからない遺族を探し出し、翌昭和五十六年の四月に長野・善光寺で慰霊祭を開催することが決定された。このあと石毛の活動にさらに拍車がかかる。彼は亡くなった戦友たちの魂を鎮めるための旅につくのである。

まず昭和五十六年一月厚生省援護局へ出向き、十日間にわたって戦死者の本籍を調べ尽くし、遺族全員を突き止める。そして二月には、判明した本籍地の市町村役場に照会し、遺族の人たちの現住所を調べ上げた。確定できないときには、同姓の遺族が住んでいる町村にも電話で照会確認した。そして石毛はこれをもとに、雷爆のツラギ戦死者遺族リストをつくりあげる。

ここまで突きとめても彼の思いは、まだ尽きることはなかった。作成したアルバムをなんとか遺族のもとに届けようと石毛は旅にでるのである。

昭和五十六年三月、遺筆、アルバム、遺影、テープを持って石毛は遺族の家々を車で訪ねることになる。石毛は関東・東北地区を回ることになり、千葉県君津、秋田県大館、岩手県水沢、山形県真室川、新潟県亀田に向かい、二十軒の遺族の家を訪問する。いずれもすべて忘れられない出会いばかりだったが、なにより心にしみたのは嫌な先輩であった佐藤芳雄と親友阿部知己の遺族を訪ねたときだった。

佐藤は石毛のわずかなツラギ滞在の時に常に一緒だった先輩であった。一緒に魚雷を積む作業をして、珊瑚海海戦の時は一緒に出撃した仲であった。しかし石毛にとって佐藤は天敵のような存在だった。

ツラギに一緒に魚雷を運んで行った仲なんですが、あまり馬が合わないというか、正直嫌いだった男です。二年先輩に伊藤というのがいたんですが、彼がこの佐藤を「石毛はできるのにお前はできない」と叱るんですね。これが頭に来たんでしょうね。必ずなんかいちゃもんつけては、私を殴るんですね。なにか理由があれば納得しますが、理不尽な殴られ方をするから、嫌だったですね。歯も折れましたからね。

彼の家はあの民謡で有名な山形の真室川にありました。ここを訪ねたら、甥っ子とか姪っ子たちが口をそろえて、いいおじさんだったと言うんですね。田舎に戻ってきたときにはいろいろお土産をもってきてくれたり、ちいさい時は遊んでくれたとかね、これを聞いて、自分を殴ってばかりいた先輩だったが、いい人だったんだ、いいところもあったんだってね、なにか気持ちがふっきれましたよ。

新潟県亀田の阿部知己の家を訪ねることは、石毛にとって長年の宿題となっていた。石毛が来るのを、いまかいまかと待ち構えていたのは阿部の母親だった。

阿部知己は私の親友でした。自分がツラギから横須賀に帰ることになったとき、ラバウルの港の桟橋の先端まで来て、「お前行ってしまうのかよ」って涙流して手を振って別れ

石毛幹一（前列左）と阿部知己（後列左）　石毛幹一氏提供

ました。心を許した本当にたったひとりの友だちです。背の高い男でね。新潟の家を訪ねたら、ここは男四人兄弟のうち三人が戦死していたのですが、お母さんがまだ生きてらっしゃいました。「兵隊のとき知己はどんなだったんですか？」とか「付き合っている彼女はいたんですか？」とか聞かれていくうちに涙が流れてね、ほんとうに仲のいい、いい奴だったですからね。

遺族を訪ね、全員の遺族の所在地を明らかにした石毛は、仲間たちと一緒に昭和五十六年四月四日、善光寺で慰霊法要を開く。このときには遺族二十六名が集まった。この慰霊祭を終え、石毛の中でひとつの区切りがついた。ただ南洋の地で亡くなった仲間への鎮魂の思いはそれでおさまるというものではなかった。

翌昭和五十七年四月五日、法要をした時にこの縁を大事にするために会報を発刊することを決めた。そしてこの年の五月「義を貫く」の意もこめて横浜海軍航空隊雷爆会の会報『貫義《ツラギ》』第一号が発行された。石毛はこの雑誌づくりでも中心になって取り組んだ。昭和六十年一月に発行された第二号の編集後記にはこうある。

『貫義』第2号

蒔いた種子を大きく育てるには、物心ともに犠牲と苦労が伴いますが、しかしご遺族の方々の結びつきがより広く、より固く且つ永続することが大切なことだと改めて考えさせられます。藤沢分隊長の令夫人の例もあるように、浜空隊の玉砕の事実すら知らないご遺族の方々が未だ多くおられるのではないでしょうか。われわれ生き残りの努めはまだ完全に果たされていないそんな気がします。浜空隊の功績を何時までも伝えたい。そのためにもわれわれの結びつきは大切なことだと思います。

生き残ったもののつとめを果たすべく、石毛はパラオやサイパン、硫黄島近くまで訪ねる南洋慰霊の旅にも二回出ている。もうこの年になれば無理だが、ほんとうは何度も訪ねたいと思ったという。そんな仲間への鎮魂の思いは、いまなお変わることがない。

毎朝仏壇に向かって祈っているとき、亡くなった戦友の名前を読んで二十分ほど祈っています。これはいまでも変わらない。これをやっていると何で戦争したのかって思いますよ。戦争しなければよかった。生きているうちは戦友たちを慰霊したいと思っています。

石毛幹一の生涯は、ツラギや他の戦地で亡くなった友への鎮魂のために捧げられたといえるかもしれない。

第六章　飛行艇隊の戦い

部隊の再編

ツラギ玉砕のあと、浜空は消滅したといっていいだろう。ツラギで玉砕したのち、昭和十七年（一九四二）十月一日横浜において再建されたものの、ほとんど新編部隊に近かった。そして翌十一月一日航空隊の呼称がかわり、浜空は第八〇一《はちまるいち》海軍航空隊（八〇一空）と呼ばれるようになる。富岡の部隊は正式には第八〇一海軍航空隊横浜派遣隊となった。このとき飛行艇隊は三つの部隊に編成替えされている。

太平洋戦争が開戦したとき、飛行艇部隊は、浜空、東港航空隊の二隊だけだった。東港航空隊は南シナ海の哨戒を目的として台湾の高雄近郊の東港を拠点に、昭和十五年十一月に創設された。そのあと昭和十七年四月に、日中戦争の時に創設された陸上攻撃機主体の第一四航空隊の二代目として飛行艇部隊が新設される。西方、南方に戦線が拡大されたのにともない、索敵の尖兵としての飛行艇の出番が増えてきたからだ。いままで横浜と東港でそれぞれ九七式飛行艇を二十四機保有していたが、それをこの三隊に十六機ずつ分割することになった。浜空がラバウル、東港はインド洋にあるアンダマン、一四空はマーシャル諸島のヤルートに拠点となる基地をおいた。

十七年十一月から東港空は八五一空、一四空は八〇二空となった。そして十八年五月に第一

二式飛行艇（二式大艇）　新明和工業株式会社提供

線の機種が九七式飛行艇から二式飛行艇（二式大艇）に全面的に移行された。このあと十八年六月に練習航空隊の詫間航空隊が、香川県に開設され、それまで博多や佐世保などで教育中の飛行艇、水上機搭乗員の教育部隊がここに移動し、操縦などの教育はここで全て行われることになった。

飛行艇部隊のその後の編成替えをさらに見ていくと、昭和十八年十二月に九〇一空が新設されている。これは第一線から退いていた九七式飛行艇を集結して、潜水艦を哨戒する作戦に専念する部隊で、台湾の東港と鹿児島の指宿《いぶすき》を主な基地としていた。

十八年十二月から二式大艇を改装し、胴体内に上下二段に分かれた旅客室・貨物室を設けた輸送専門の飛行艇「晴空《せいくう》」が就役した。

十九年四月一日、八〇二空がサイパンで解散し、そのまま八〇一空に合併されたが、十九年六月十五日米軍のサイパン上陸により、元八〇二空の隊員ほとんどが戦死した。

十九年九月二十日、八五一空は解散、八〇一空に合併される。八五一空は当初南西方面を受け持っていたが、一部兵力は北方作戦のためアリューシャン方面に派遣されていた。八五一空はツラギ玉砕のあと、浜空に変わるべく、総力をソロモンに向けていたが、ガダルカナル撤収に伴い、その後は再びインド洋、ジャワ方面に移された。しかし、兵力の漸減にともない八〇一空に合併されることになった。

この結果十九年十一月以降、飛行艇部隊は八〇一空に統合されることになる。ここにすべての飛行艇作戦部隊を合併し、本部を横浜におき、指宿、東港を前進基地として、フィリピン、台湾、九州南東方海域を対象にした哨戒を続けていた。

その後沖縄攻防戦が激しくなるなか、指宿、東港の基地は撤収され、八〇一空の主力は詫間基地に移された。横浜の富岡基地は補給基地として、作戦はすべて詫間においておこなわれることになる。

詫間は瀬戸内海に突き出たようになっている港町で、現在は香川県三豊市に含まれる。昭和十八年に水上飛行機の練習航空隊として基地がつくられたが、本土への攻撃が増えるなか、実戦部隊の水上偵察機及び飛行艇などが進駐し、作戦基地として使用されることになった。

ツラギ玉砕のあとも戦いの舞台となったガダルカナル島から日本軍が撤収するのは、昭和十八年二月のことであった。

日本軍はこの戦いに、三〇〇〇〇名以上の兵士を送り込んだが、そのうち撤退できたのはわずか一〇〇〇〇名、死者・行方不明者は二〇〇〇〇名を越えている。戦闘で亡くなった兵士は約五〇〇〇名、その他の一五〇〇〇名は餓死と病死であった。

このあとも敗走は続き、同年五月二十九日アリューシャン列島のアッツ島が米軍の攻撃で全滅した。

昭和十九年三月、インパール作戦が開始されてまもなく、日本海軍にとって大きな痛手となる「海軍乙事件」が起こった。

海軍乙事件

昭和十八年（一九四三）四月三日、太平洋戦争開戦から指揮をとっていた山本五十六連合艦隊司令長官が、前線を視察するため一式陸上攻撃機に搭乗しラバウル基地からバラレ島基地に向かう途中、ブーゲンビル島上空で米軍機に撃墜され戦死するという、その後「海軍甲事件」と呼ばれる事件が起きた。米軍が暗号解読により山本五十六の動向を完全に把握したうえでの襲撃であった。

「海軍乙事件」とは山本の後任の連合艦隊司令長官古賀峯一《みねいち》大将が、就任しておよそ一年後に、二式大艇に搭乗して移動中に行方不明になるなどの事件のことをいう。

昭和十九年三月三十日、連合艦隊司令部があったパラオが大空襲をうけた。そこで急遽古賀司令長官をはじめ司令部幹部が、フィリピンのダバオに移動し、そこにあらたな司令部をたち上げることになった。

幹部の輸送を命じられたのはそのときサイパンを基地にしていた八〇二空であった。ただこの時稼働できる飛行艇は一機だけで、八五一空からも二機を派遣した。問題だったのはパラオの補給能力が不足していたことだ。すでに古賀司令長官はじめ八名の幹部が乗り込んだ八五一空派遣の二式大艇の一番機は、給油が完了せずに夜に入ってしまう。さらに今度は空襲警報が発せられたため、給油は中止された。やむなく一番機は、七割の給油状態で、そのままダバオに向かうことになった。二番機となる八〇二空の二式大艇には、福留繁参謀長以下十一名が搭乗していたが、八割方給油が終わったので、一番機の発進を追いかけて発進する。三番機には主に通信科や暗号、気象関係要員が搭乗していたが、まだ燃料補給をしていなかったので、翌未明になって発進することになる。これが運命の別れ道となった。

当時パラオ、ダバオ間の空路上には猛烈な台風が通過中で、古賀司令長官らを乗せた一番機はこの台風に突入して燃料が切れてしまい、洋上で行方不明となった。もし給油を完全に終え、出発を少し遅らせていたら、防げた事故といえるかもしれない。二番機の操縦員は、このあたりの地理には明るくなく、地理を知悉していた一番機の誘導をあてにしていた。

しかし一番機を見失った二番機は目的地付近までたどりついたものの、現在地がわからず燃料が尽きて海岸近くに不時着、機体は大破した。なんとか泳いで岸に着いたものの、ここでゲリラにつかまり、捕虜になってしまう。三番機は台風を巧みに避け、無事ダバオに到着した。

一番機は悪天候のためパラオ近海にて消息を絶つ。遺体は発見されず、捜索打ち切りの後、機上事故死ということで同年五月五日に正式に発表された。日本軍は立て続けに連合艦隊司令長官を失ってしまう。

「海軍乙事件」は古賀の死だけで終わらなかった。このときセブ島付近の海上に着水した二番機に搭乗していた福留繁参謀長をはじめとする司令部要員三名と岡村松太郎中尉以下搭乗員六名がゲリラ隊に捕われ、福留参謀長と山本祐二作戦参謀が持っていた、機密文書「聯合艦隊機密作戦命令第七十三号」（Z作戦計画書）と暗号関係の機密書類をゲリラに奪われるという大失態をおかした。

作家吉村昭は『海軍乙事件』の中で、この時米軍がここで手に入れた機密書類を解読して、その後の作戦に利用したことを明らかにしている。古賀司令長官の死よりこの大失態はまさに致命傷となるのである。

「ルーズベルトニ与フル書」

小笠原諸島の硫黄島は昭和二十年三月二十二日に、およそ三週間にわたる激戦のすえ玉砕した。

この硫黄島の戦いで、かつて浜空三代目司令だった市丸利之助《りのすけ》第二七航空戦隊司令官が、海軍の最高指揮官として戦死している。

浜空時代に市丸のもとで働いていた池田秀一は、『海軍飛行艇の戦記と記録』に寄せた「浜空の思いで」の中で、次のように思い起こしている。

市丸司令は当時長身痩躯、飛行機事故で、負傷したと云う傷痕が片頬を醜く抉り、半面が怪奇な相貌に引釣って、写真に収る時は、いつも顔をそむけて、写っていた。

市丸は最後の突撃をするときに部下の懐中に罫紙十六枚に及ぶ和英両文の「ルーズベルトニ与フル書」と題された書簡をしのばせた。この書簡は戦死者の死体の山からアメリカの従軍記者によって発見され、本国に打電された。

日本海軍市丸海軍少将書ヲ「フランクリン・ルーズベルト」君ニ致ス。我今我ガ闘ヒヲ終ルニ当リ一言貴下ニ告グル所アラントス。

から始まるこの書簡で、市丸はペリー来航から、日米間にあった問題について論じ、黄禍論が両国の摩擦を大きくし、日本が不幸な情況に追い込まれたと述べる。ヒトラーを倒したとしても、スターリンと協調するのかと問いかけ、

凡ソ世界ヲ以テ強者ノ独専トナサントセバ永久ニ闘争ヲ繰リ返シ遂ニ世界人類ニ安寧幸福ノ日ナカラン。

と書いている。現在でも通じる一説と言ってもいいかもしれない。

サイパンが占領され、そして硫黄島も玉砕し、敗戦が現実のものになっていくとき、日本軍は十分な経験のない兵士を特攻隊員として送り出し、死を迫る愚かな作戦を実施していく。その特攻作戦は偵察・哨戒を任務とする八〇一空の飛行艇部隊にまで及んでくる。

特別攻撃の命令

第五航空艦隊（五航艦）司令部から、その命令は昭和二十年（一九四五）三月二十一日、八〇一空飛行隊長日辻常雄少佐に下された。日辻の著書『最後の飛行艇』によると命令の内容は次のようなものであった。

〔任務〕
ウルシー在泊中の敵機動部隊を攻撃し、正規空母一四隻を覆滅する。
〔編成〕
梓特攻隊（指揮官・攻撃二六二飛行隊長）
攻撃隊――攻撃二六二「銀河」二四機
誘導隊――八〇一空二式大艇三機
第二誘導隊――八〇一空二式大艇二機
〔行動〕
攻撃隊はX日午前八時鹿屋発進、鹿児島を発進した第二誘導隊と合流のうえ、南大東島に向け進撃する。

誘導隊は午前七時鹿児島発進、南大東島上空で第二誘導隊と交代し、攻撃隊をウルシーまで誘導する。

誘導隊のうち一機は午前三時鹿児島発進、ウルシーの二四〇キロ手前までの天候偵察を実施する。

攻撃隊はウルシー到着後、敵空母に対し必中攻撃を実施する。

誘導隊は任務終了後、鹿児島またはトラック島に帰投、要すればメレヨン島に不時着し、機体を処分後潜水艦で帰投する。

第二誘導隊は南大東島上空で交代後、鹿児島に帰投する。（以下省略）

この攻撃隊は「菊水部隊神風特別攻撃隊梓隊」と命名された。飛行艇が加わる最初の特攻命令であった。

二十年二月十九日硫黄島に米軍が上陸、ここを基地にしてB29は日本本土への爆撃を容易に行うことが可能になっていた。この時米軍は西太平洋カロリン諸島東北端、ヤップ島の約一〇〇キロ東北東にあるウルシー環礁を拠点に、二十四隻もの空母を集結させていた。これを長距離特攻によって壊滅させるという、いまから考えると、無謀きわまりない作戦であった。二十四隻の空母を特攻だけで撃破できるわけがないが、それしかないというところまで日本は追い込まれていた。

「銀河」は昭和十九年に制式採用された双発・乗員三名の陸上爆撃機で、長距離飛行も可能であった。この作戦の特徴は長距離攻撃である。空母に突撃する「銀河」は八〇〇キロ爆弾を積載しているため、コンパスが狂う例もあり、単独での進撃は無理とのことで、二四〇〇キロという長距離飛行の誘導を二式大艇にゆだねることになった。

誘導隊三機の搭乗員三十六名が決定され、二月二十三日梓隊が誕生する。翌日鹿児島に進出して待機せよという命令のもと、三機は詫間を出発して鹿児島に向かい、ここで銀河隊と編隊訓練を続ける。決行日がはっきりしないなか、最初の悲劇がおこる。

出撃前の悲劇

三月一日、低気圧の来襲で鹿児島の海は朝から荒れていた。海上に繋留されている二式大艇が危険な状態になっていたため、八〇一空飛行隊長の日辻は一時詫間基地へ退避した方がいいと判断、司令部に要請するが、何故かすぐに許可がでなかった。タイミングが悪いことに許可が出たのは嵐の最中になってしまう。日辻は詫間まで飛ばなくてもいいから、どこかの島影に退避するように命じたのだが、詫間に向かった一機が、途中淡路島の山中に激突、搭乗員十二名全員が死亡してしまう。早めに退避をしておけば防げた事故だった。

三月八日、詫間で待機していた梓隊に鹿児島に進出せよという命令が届く。そして三月十日二式大艇三機は出撃した。

しかし、ここでまた第二の悲劇を誘発する重大なミスがおこる。敵地の状況を伝える暗号を解読していた司令部が、攻撃目標の空母がいないと判断し、出撃していた梓隊に帰還命令をだした。死を覚悟、すべての思いを断ち切って死地に向っている若者たちに、帰還命令をだし、しかも暗号解読の結果空母がいたことが判明したため、明日の再出撃を命じているのである。あまりにも人の命を軽視しているとしかいいようがない。

梓隊の誘導隊二番機操縦員として作戦に参加し、奇跡的に生還したのが長峯五郎である。長峯は横浜に生まれ、予科練を出た当時二十一歳の上等飛行兵曹だった。その回想録『二式大艇空戦記』の中でこのように語っている。

特攻は決死隊ではなく必死隊である。特攻隊に編成され、出撃の日を待つ間の、死への覚悟の苦しみ、それはとうてい筆舌につくせるものではない。(中略)
人間が生と死の葛藤なくして死につけるはずがない。むろん人により、経て来た教育、環境、思想等によって差のあるのもまた当然である。〝生きたい〟という本能を抑え、〝自分はいま、祖国のために死を選ぶのだ〟という覚悟に置き換え、理性と本能の統一を、精神の次元にもとめて行動し、態度に具現するものであり、それも個人差によるところ大で、一概に論じさることはできない。

だが、いかに立派な態度であった者にせよ、その苦しみは等しくおなじであり、出撃のそのときまで苦しみ、苦しみながら純真な心のままに、救国の大義に殉じ、散っていったのである。

こうして生と死の間でゆれ動きながら、死に向っていた若者の真摯な気持を愚弄するような愚かなミスを命令するものたちは繰り返すのである。

天候偵察機が予定どおり飛行できたということで、明日の出発を一時間遅らせるという命令を出したのだ。特攻は日没時に行われるという作戦であった。日中であればすぐに発見されるが、日が完全に沈んでしまっては目標を定められない。決行時間はこの作戦の大事なポイントであったはずだ。早く着くことより、遅く着く方が作戦失敗に終わる確率が高くなると考えられるが、司令部は明日の出発を一時間遅くするという判断を下した。

クラシ・クラシ！

三月十一日、二式大艇二機は命令通り昨日より一時間遅い午前九時に鹿児島を発進する。長峯が操縦する二番機は難なく離水したが、一番機が二度離水に失敗、三度目でやっと離水できた。この間二番機はすでに五〇〇メートルの高度を超えていた。一番機はすぐに追いつくだろうと判断し、二番機は単独で銀河隊二十四機が待つ佐多岬上空に向かう。予定より十分遅れたということもあり、一番機を待たず二番機が編隊を誘導することになった。まもなく合流するだろうと思われた一番機であったが、このあと二機が合流することはなかった。

一番機は米軍の記録によると、喜界島東北洋上で撃墜されたとのことである。離水が遅れ本隊に追いつこうとしていたのだろうが、単独飛行のところを狙われたのだろう。

編隊は、南大東島―沖ノ鳥島―ヤップ島のコースを飛ぶことになるが、銀河のうち七機がエンジン不調のため引き返す。昨日の作戦中止、すぐに今日決行ということで、整備に時間がなく、エンジンに無理が及んだ結果であった。

さらにもうひとつ問題がおこる。雲の量がどんどん増えてきたのだ。雲中飛行となる場合の危険を感じた長峯は、銀河隊長黒丸直人大尉と無線で連絡し合い、高度を下げ雲の下を飛行することにする。高度を下げて低く飛行すると、速度が落ちるのが、この機の欠点であった、このためエンジンを限界ぎりぎりまで回転させることになった。エンジンに大きな負荷を与えて飛行する不安もあったが、何よりこのままでは、目的地ウルシーに到達する予定の日没直後の午後五時四十五分に間に合わない。そうなると暗闇のなか目標も認識できなくなる、その方が心配であった。何故発進を一時間遅らせたのか、司令部の判断を恨めしく思いながら長峯は操縦桿を握っていた。

午後三時過ぎ、各機に連合艦隊司令長官豊田副武大将から「皇国の興廃懸かりてこの壮挙にあり、全機必中を確信す　GF（連合艦隊のこと）司令長官」という電文が届く。長峯が操縦する大艇に先頭を飛行していた銀河が接近してきた。右翼の下まで近寄ってきたその機の搭乗員三名の顔がはっきりと見えたとき、長峯はとっさにサイダー瓶を彼らに向けさし上げた、すると三名も同じようにサイダー瓶を差し上げてきた。サイダー瓶で乾杯しあったその三人の笑顔が生涯長峯の脳裏から離れることがなかった。

もしかりに「生きながらにして神のごとし」の表現を使うことが許されるならば、このときの彼らこそが、まさしくそれであったと思うのである。（中略）一瞬の光芒を放って若き人生を終えた彼らは、私の脳裏に強烈に焼き付いており、終生消え去ることはないだろう。（『二式大艇空戦記』）

このあとも、日没後せめて四十分以内には誘導最終地点に到達しなければならない、という使命のもと苦心の操縦が続く。このままの飛行では日没後五十五分の到達で、暗闇での突撃になるということを恐れ、長峯はここはエンジンがたとえ爆発しても、スピードを最大限にあげる方法を選択した。そして午後六時三十分ついに誘導最終地点のヤップ島を発見する。ここから銀河隊は五〇キロ先にあるウルシー環礁を目指す。

誘導隊は攻撃隊を誘導後は付近海面に配備の潜水艦に回収してもらうか、メレヨン島に不時着せよという命令だ。長峯機はここで銀河隊とわかれて、潜水艦に回収を要請する暗号電文を送るものの、いっこうに応じてこない。そればかりか無理をかさねていた一番エンジンが爆発、残る三つのエンジンを頼りに飛行するしかなくなった。無事帰還はほぼ不可能なことはわかってはいたものの、命令では不時着せよとあるからには、わずかな生の可能性に賭けるしかない。このあと長峯たちは懸命にこの可能性を求める。ただもちろん一番の関心事は銀河隊の特攻の成果である。故障している機体を必死に操縦しながら、入ってくる無電を待った。

潜水艦からの応答もなく、長峯機はメレヨン島に向かい降下を始めた時だった。電信員が紙片を持ってきた。「クラシ・クラシ・カンシュフメイ・カンシュフメイ」と書かれてあった。ウルシー環礁上空に達した攻撃機が送ってくる「暗し・暗し・艦種不明・艦種不明」という悲痛な叫びであった。なおも電信員のレシーバーに無電が入ってきた。「各機ごとに突撃せよ」「われ突撃す」「ト・・・ツ――」。長符が消えた瞬間がその機の最後の時である。

長峯はこのときのことをこう書きとめている。


機内は暗い。無論、操縦席も暗い。暗いその中に、ただ計器盤の計器だけが、夜光塗料によって、鈍くあわい光を放っている。その計器盤が一瞬ぱあっと明るくなった。

私ははっとして、左窓の方向を見た。つづいて一発、火柱が上がった。遠く低い雲をシルエットに浮かばせて立ち昇った火柱は大きかった。暗い機内も一瞬明るくなり、だれかはわからぬが乗員の一、二名が影絵のように浮かんだ。（同前）

この後、長峯は九本の火柱を見たと書いているが、人によっては六、七本、十一本とまちまちであった。

この時の戦果について第七六二海軍航空隊の戦闘詳報ではこう記録している。


一八五八（午後六時五十八分）指揮官機ニテ体当一機ヲ確認　更ニ機上ニテ一八五五（午後六時五十五分）カラ一九二七（午後七時二十七分）ノ間ニ火柱計十一本確認「ヤップ」陸軍見張ニテ　一九四〇（午後七時四十分）「ウルシー」方面ニ大火柱一分間持続　更ニ

五分後二分間持続ヲ確認セル外不明ナルモ　呉鎮機密二二〇九五八番電（捕虜訊問速報）及四六警機密第二三一七五五番（四六奮戦戦闘概報第八一号）ニ依レバ概ネ左ノ如キ事実判明シアリ

一、三月一二日（「ウルシー」出港二日前）日本体当機ハ「ランドルフ」（空母名）ニ二機命中甲板後部破損甲板上ノ飛行機焼失

二、十三～二十日「ヤップ」島付近ニ破損セル敵艦船ノ舟備品食糧品等浮遊物多シ十一日銀河ノ「ウルシー」島攻撃ニ関連アルモノト判断ス

十二日、日本の第四艦隊からの戦果偵察の報告は、目視状況と写真判読によると、いずれも艦船が沈没した形跡はなく、空母十九隻は前と同じ位置にあり、その他戦艦七艦、巡洋艦二十隻、輸送船大小約五十隻があることが報告されている。

これに対して日本軍の損害は大破六機、小破一機、未帰還十三機、搭乗員の戦死二名、重傷一名、軽傷三名、不時着行方不明一組三名、突入自爆戦死十一組（三十三名）、突入自爆の算大なるもの一組（三名）と戦闘詳報は報じている。ほとんど戦果をあげることなく若い兵士たちは太平洋の藻屑と消えていったのだ。連合艦隊司令長官名で以下のような布告がされた。

菊水部隊神風特別攻撃隊梓隊

右は梓隊特別攻撃隊員として昭和二十年三月十一日、敵機動部隊を西カロリン諸島ウルシーに奇襲、必死必沈の体当たりをもって敵航空母艦一隻以上を大破炎上せしめ、悠久の大義に殉ず。忠烈萬世に燦たり。依って茲にその殊勲を認め全軍に布告す。

昭和二〇年五月一九日　　連合艦隊司令長官　豊田副武

偽りの暗号文

長峯は先頭で飛行することになっていた一番機に代わり、銀河隊を目的地に日没後、遅くとも四十五分以内に到達させねばならぬとエンジンを最大限に稼働させた。そのため、四基のうちの一基のエンジンが爆発してしまい、危険な飛行を続けていた。特攻として命を受けてから、生きて帰る可能性は百分の一しかないとは知っての飛行ではあったが、その生きる可能性に向かって搭乗員全員が力を合わせ、立ち向かっていた。しかし命令にあった潜水艦へ回収を依頼する暗号電を何度打っても応答はなかった。最後の手段は未知の島であったメレヨンに向かうことだった。メレヨン島だけは「われメレヨン、メレヨンに不時着せよ」と応じてきたのが頼りだった。

早朝から飛行続き、しかも特攻隊を誘導するという緊張みなぎる長い飛行、搭乗員十二名の体力は限界に達していた。操縦桿を握る隊員が何度か居眠りをしてしまうというなか、長峯はみんなを鼓舞しながら危険な飛行を続けていた。なんとか午後九時半にメレヨン島までやって来た。夜のしかも見知らぬ島への着水ということで慎重に作業をすすめ、およそ一時間かけて着水に成功する。

まさに九死に一生を得た十二名であったが、この見知らぬ島に着いてホッとするよりも、駐屯している日本兵たちが彼らの到着に対して、よそよそしい態度だったことを訝しがった。

話を聞いてみると、ここに駐屯していた日本軍部隊は、飛行艇がこの島にやって来ることも知らず「われメレヨン」などとも発信していない、それどころか長峯たちからの無電も受信していないという。守備隊司令官の話によれば、ここと内地との連絡は途絶えること一年あまり、飛行機も艦船も来島していない。ここで使われている暗号も一年前のもので、梓隊の発した暗号も解読できるはずがないという。長峯たちは狐につまされたような気持ちになった。

ひとつ考えられるのは、回収のための潜水艦などどこにも配備されてはおらず、メレヨン島にも指示はいっていなかったということだった。実はメレヨン島に不時着せよという電文は、鹿屋基地の第五航空艦隊司令部から打電されていた。長峯はこの事実を知ったときのことをこう振り返っている。

通信参謀の手から発信せられていたのであった。即ち、救助用潜水艦の配備などはもとより無く、暗号文はでたらめのもので、生還の確率なき者への、安楽死剤としてあたえたものに他ならなかった。(『二式大艇空戦記』)

暗闇の中わずかな明かりを目標に突っ込んで行った若い兵士の無垢な笑顔を見ているからこそ長峯は、わずかに生きる可能性があるものに対して、こうした偽りの命令を出す司令官たちを許せなかった。そして怒りを感じていた。

飢餓の島メレヨン

長峯たち十二名が不時着したメレヨン島は、日本軍が見捨てた島であることがわかった。メレヨン島の正式名称はウォーレアイ環礁である。当時は日本名でメレヨン島と呼んでいた。中部太平洋ヤップ州東南六〇〇キロにあるメレヨン島に、戦線が周辺に展開されると予想し日本軍六四二六人が配属されたのは、昭和十九年四月のことである。海上輸送中に攻撃を受け、さらに上陸してからも米軍による空襲と艦砲射撃が絶え間なく続き、飛行場と飛行機は破壊され、食糧はほとんどが焼きつくされてしまう。島を無力化したあとは、米軍は島をそのまま放置し、その先に進軍していった。攻撃を加えなくても日本兵たちは、飢えとの闘いで地獄の苦しみを味わうことになった。戦線がパラオ、グアム以北に移ってから、メレヨン島への補給は完全に断たれてしまった。食糧は自給自足の農耕すらままならず、飢餓の島と化していた。

不時着した十二名に対して、島の最高指揮官である北村勝三陸軍少将が、副官三人をしたがえ、ねぎらいの言葉をかけ、「いささか労をねぎらう志である」と黒漆塗り陸軍の星のマークの入った立派な箱をうやうやしく贈呈してくれた。ずっしりと重い箱の中身はなにかと蓋をとってみると、握り拳大のサツマイモが五個ずつ四列にならんでいた。

最高指揮官から直々に賜った褒美がサツマイモとは、と驚く面々であったが、これがこの島における最大級の褒賞であったことをあとで存分に味わうことになる。司令部はこうした飢餓の島に不時着せよという命令を出していたのだ。

それでも長峯らは見捨てられたわけではなかった。時間はかかったが、五十七日後の五月七日に彼らを迎える潜水艦イ三六九がやってきた。誰かが潜望鏡が海面から突き出たのを見て「潜水艦だあ、潜水艦が入ったぞ！」と歓声をあげた。この声で島中が大騒ぎになり、「万歳！・万歳！」の歓声に包まれた。この潜水艦は梓隊を迎えるものであったが、同時に待ちに待っていた物資を積んでいたのである。しかしこの物資を手にすることなく息絶えた人がいたという悲しい話も長峯は書き留めている。

長峯らが島を去ったあとも、この部隊は飢餓との闘いを続けなければならなかった。終戦後の昭和二十年（一九四五）九月十七日、アメリカ軍と病院船「高砂丸」が残った生存者を収容して出港しているが、この時収容されたのは一六二六名だった。四八〇〇名の人たちがこの島で命を落としていた。そのほとんどが餓死であった。メレヨン島の最高指揮官北村勝三少将は、帰国後多数の部下を死に至らしめた責任は自分にあるとして、全国の遺族を訪問して陳謝したあと、終戦から二年後の昭和二十二年八月十五日、割腹自殺をとげた。彼に責任はあったのだろうか。

偽りの真相

長峯たちは救助されてから十八日後に横須賀の逸見《へみ》に上陸する。その後詫間基地に戻った長峯のところに、通信科の下士官がやってきた。そして彼の口から司令部がとった「安楽死」についての話を明かされる。

潜水艦を呼び続ける電信を傍受した下士官が通信参謀に報告すると、司令部の壕内には参謀長以下、司令部要員が大勢いたが、みんな顔を見合わせるたけだった。やがてメレヨン島を呼んでいるのを傍受したので通信参謀に伝えた。

そして間もなく、参謀から彼に、「これを打て」と命ぜられた頼信紙には「われメレヨン、メレヨンに不時着せよ」とあった。彼はその暗号文を鍵《キイ》でたたいた……。

彼は、突撃して征った英霊の真情を察し、かつ、誘導機の苦難を思い「貴男方の栄養失調で痩せ衰えて帰還した姿を見て、なぜか、隠しておくことができず、真実を話さずにはいられなかった」と涙をあふれさせた。（『二式大艇空戦記』）

この司令部がとったやり方について長峯は戦後も納得がいかず、「なぜ」という思いを抱えていく。昭和三十六年遺族を全国から招待し、鶴見の総持寺で慰霊祭を行った。

当時の最高責任者、第五航空艦隊参謀長横井俊之少将に出席と講演を依頼したのは、この時の真実を直接聞きたかったということもあった。所用のため出席を辞退した横井に、長峯は電話をし、この件について尋ねると「そのとおりである」と認めて、さらに「当時の措置として、そうするより他に方策がなかったことを了されたい」と答えたという。これ以上追求することはなかったが、やはり長峯は納得がいかなかった。

純真な心で、身をも心をも国家へ捧げてゆく若人らに、うそをいい、偽りの暗号文をあたえた司令部担当部員の感覚と良心はどこにあったのか、「嘘も方便」といい、その使い方によっては「善し」として尊ばれていることも、よく承知はしているが、この場合は、それと次元の違う問題のように思えてならない。（同前）

彼のこの叫びにも似たこの声にこそ耳を傾けるべきではないか。

長峯は特攻生みの親といわれる大西瀧治郎中将の特攻の思想について次のようにまとめている。

「特攻は、統率の外道である」と自らそういいながら「今の日本の危機を救いうる者は大臣でもなく、大将でもない。若い人々の体当たり精神である。この戦争は勝てないかも知らんが、青年たちが国難に殉じたという歴史が、日本民族を滅ぼさないのであり、日本が負けないためである。

勝てないと思う戦争に、なぜ若い人たちを特攻に追いたてたのか。青年たちが国難に殉じたというきれいごとで片づけてはいけない。

上に立つものたちは国を守るという名目で人を死に追いやったということは揺るぎのない事実である。長峯が振り返るこの裏切りにも似た行為がそれを裏付けているといえないだろうか。

第七章　終戦前後

池波正太郎と浜空

浜空会が昭和六十三年（一九八八）十月に発行した『会員名簿（海軍飛行艇隊）』に池波正太郎の名前が載っている。いうまでもなく、あの名作『鬼平犯科帳』シリーズなどで知られる作家である。池波は昭和十九年（一九四四）から一年近く、富岡にあったかつての浜空、その時は八〇一空と呼ばれていた部隊の隊員だったのである。

池波のもとに召集令状が届いたのは、昭和十九年一月二十八日のことだった。二月十五日横須賀海兵団入隊、半月あまり新兵訓練を受け、このあと横須賀海兵団内の第三分隊に配属された。ここはいわゆる浪人分隊と呼ばれたところで、行先の決まらない兵士が集められていた。ここで本人曰く居候すること十数日、或る日「八〇一空を希望する者はいないか」と下士官が勧誘しに来た。池波は、外地か内地かもわからず、航空隊であるからには戦場に出られる可能性が大きいのではないかとさっそく手をあげる。そして無造作に選ばれた五名のひとりとして池波は八〇一空に入隊した。

ところが、転属して八〇一空が横浜にある航空基地であることがわかり、びっくりし、また喜ぶ。戦場にすぐに行けるかと思って志願したのだが、横浜であれば、東京の実家とそんなに離れているわけではない。休みがあれば母にも会えるとがぜんうれしくなってきた。八〇一空について池波はこう書いている。

八〇一空は水上機の基地で、磯子の海には二式大艇という大きいばかりで性能のぱっとしない飛行艇が浮かび、太平洋上に孤立し、米軍に包囲された日本の島々へ補給物資を投下しに飛び立つという、のんきなように見えて、実はまことに危険千万な役割を受け持っていた。(『青春忘れもの』)

世界一の飛行艇と言われた二式大艇を「大きいばかりで性能のぱっとしない飛行艇」というのはあんまりではという気もするが、ここで池波は、一等兵として第八分隊に編入され、飛行機とは関係のない電話交換手の任務を仰せつかることになった。富岡にあった八〇一空に一年以上勤務することになった池波にとって、なにより忘れられない思い出は、富岡になじみの深い桜にちなんだものである。

ある日池波は用があって士官室へ行き、大尉が戻るのを待っていると、開け放った窓から桜の花びらが舞い込んできた。

それを見ているうちに、胸が熱くなり、おもわず眼がうるみかかるのを、どうしようもなかった。悲しいというのではない。ただ、自分は来年の春に、ふたたび桜花を見ることはできまいというおもいが、胸にこみあげてきたのである。（池波正太郎「桜花と私」）

富岡の春を彩る名物の桜は、浜空が創設されたときに植樹されたもので、池波が富岡にいたときには花を咲かせるまでにはなっていなかったのではないか。このとき舞い込んできた桜の花びらは、付近にあった山桜のものだったのだろうか。

このあと終戦近くになって、池波は富岡の地を去り、山陰に転勤することになった。

横浜基地の飛行艇は、ほとんど撃墜されてしまい、八〇一空の大半が、急に、山陰・美保航空基地へ移ることになった。現在の米子空港一帯がそれである。

私にも転勤命令が出たので、横浜基地の電話交換室が手うすとなり、女性の交換手二名を入れ、これに引きつぎするため、私は多忙をきわめた。（『青春忘れもの』）

米子では電話室長になるという話で水兵長に進級、五月十六日の夕暮れ、横浜基地を離れ、美保に向った。そして池波はここで終戦を迎えることになる。

浜空の慰霊祭は四月第一週の日曜日、ちょうど桜が満開になる時期に行われている。池波はあのときはまだ花を咲かせることのなかった富岡の桜を見ることがあったのだろうか……。

富岡の町も戦場だった

池波が横浜を去った二週間後の五月二十九日、横浜は大空襲に見舞われる。当時国民学校六年生だった慶珊寺住職佐伯隆定は、現在の横浜市緑区中山に疎開していたが、このときの横浜大空襲の猛火と黒煙を絶望的な気持ちで眺めていた。

中山は高台になっていたので全部見えましたね。恐ろしい風景でした。横浜の中心地が全部焼き払われてしまうのが見れたんですね。（談）

ずっと運休していた電車が動き始めたので、六月九日に富岡に一時帰宅することにした。東神奈川駅に降り立ち、街が一変したのを目にし、愕然とする。駅舎の屋根はなく、焼けただれた鉄骨の梁と柱がむき出しに立っていた。周辺のビルや家並みは皆無、遥かかなたを走っているはずの東横線の高架橋がすぐ近くに見える。横浜駅や桜木町駅付近もすべて焼け野原である。やっと富岡に着いたのは夕方ちかくだった。

家の前に空から米軍機が撒いた宣伝ビラが落ちていた。そこにはドイツの敗北と日本軍への降伏勧告が書かれてあった。
翌六月十日は薄曇りの暑い日だった。当時鳥取から大勢の青年が徴用工として動員され、慶柵寺本堂を宿舎としていた。昼夜交代で出勤していたので、半数近くが非番で寺に残り、昼食後庭で相撲をとっていた。佐伯も弟と一緒にこの中に入り遊んでいた。突然空襲警報のサイレンが鳴った。ラジオは「敵機数編隊小田原に上陸、霞ヶ浦に向かって進行中」と告げた。今日はこっちは安全だろうと思っていたのだが、どのくらい時間がたってからだろう、B29特有の重低音が頭上に迫った。次の瞬間ザーっという豪雨さながらの音に続いて猛烈な爆発音と共に大地が激しく鳴動した。

爆弾が落ちる直前の音が嫌でしたね。ザーっという空気をきるような音が聞こえてきて、そのあとドーン。怖かったですよ。寺の真ん前の海にも落ちてきました。あれが陸だったらうちの寺もやられてしまっていたでしょうね。

このあと「爆弾だー」と叫び、山門の下に飛び込み頭を隠した。薄眼をあけると前方の海上に巨大な数本の水柱が上がっている。「危ない！　防空壕へ逃げろ」と声が上がり、裏山にある防空壕へ飛び込んだとき、二回目の爆発音が天地を揺るがした。焼けただれた鉄くずが庫裡の草屋根に突き刺さり、不気味な白煙をあげている。地響きが三回繰り返され、佐伯たちは壕の中で息を殺して敵機が去るのを待った。

しばらくして空襲警報解除のサイレンが鳴った。外に出て空を見上げると東の方角に黒煙が立っていた。家に入って驚いた。本堂、庫裡共に足の踏み場もない、全員で大掃除していると、母親が悲鳴をあげて家に飛び込んで来た。その先をみると門前に停まったトラックから戸板や焼けトタンに載せられた死体が次々に境内に運ばれてくるではないか。足のない胴体だけの遺体、思わず目を覆うような光景が目の前に広がった。

台所から玄関が見えるんですが、そこに死体が並べられていました。女の人のお尻が見えたんですが、足がないんですよ。無残でしたね。

一晩ここに遺体が置かれていましたが、町内会の会長さんがひとりで見張りをしていました。怖かったでしょうね。

最後に遺体を引き取りに来た母親が泣き叫ぶ姿をいまでもはっきりと覚えている。

この日娘さんが体調不良を訴え、仕事を休みたいと母親に訴えたらしいのですが、母親はお国のために働いているときに何を言うんだ、働きに行きなさいと言ったらしいです。娘さんはこの母親の言葉にしたがって出勤して、この惨事に遭ってしまったのです。母親が泣き叫んでましてね。私が娘を殺したってね。

佐伯の脳裏にはあの時見た凄惨な光景の残像がしっかりと刻まれている。だからこそ佐伯は、境内にこの空襲で亡くなった人たちのために慰霊塔を建立したのである。

昭和五十年（一九七五）に慰霊塔を建立しました。昭和四十七年におやじがなくなって、自分が住職になったのですが、とにかく最初にしなくてはいけないと思ったのが空襲で亡くなった人たちのための慰霊塔をつくることでした。私は大学で歴史を学び、高校でも教えていました。富岡には戦争を記憶するものが何もないんですよね。歴史を学んだ者から言わせれば、なにか残さないといけないと思っていました。それで世話人を強引に説得してつくったのがあの慰霊塔だったんですよ。

こう語る佐伯住職にはあの悲劇を伝えなければならないという強い思いがある。その思いが込められたのが境内の真中にある「戦争犠牲者諸聖霊」の塔である。

京急富岡駅（当時は湘南富岡駅）の近くに小さなトンネルがある。今はほとんど通る人のいないこのトンネルは六月十日の空襲で多数の死傷者を出したところだ。

空襲警報が鳴ったため電車は富岡駅の上り方面杉田寄りのトンネルに退避し、乗客は線路下の人道トンネルに身を潜めているところへ、爆弾がその両側に落下したのだ。およそ四十名が即死、三十名近くが重軽傷を負った。トンネルのため爆風が直撃貫通したことと、近くの大日本兵器を狙った工場攻撃用の大型爆弾だったことが被害を大きくした。死傷者は大日本兵器や海軍航空技術支廠の作業員や勤労動員学徒が多かった。

「戦争犠牲者諸聖霊」塔

私はね、あの富岡のトンネルをわざと通るようにしていました。忘れてはいけないって思ったことです。本当はあそこにこそ慰霊するものを建立しないといけないと思いますよ。富岡は知られざる古戦場なんですよ。

そして八月十五日がやってきた。

それぞれの八月十五日

横浜、富岡。その日はかんかん照りの暑い日だった。国民学校六年生の佐伯は、午前中同級生のかんちゃんと遊んでいた。お昼を食べに家に戻ると、

「臨時ニュース」とアナウンスがあって、「海ゆかば」が流れてきました。このあと天皇が言ったことは、何を言っているかはわかりませんでした。ただ突然母が泣き始めたので、「どうしたの?」と聞くと、日本が負けたって言うんですね。

八〇一空詫間基地。各隊分隊長以上は士官室に集合して、正午の時報のあとの天皇の放送を聞いた。雑音で内容はよく聞き取れなかったが、終戦を告げられたことは判った。一同呆然と

立ちつくし、みんな声を失っていたとき、しばらく間をおいて司令が「戦争は終わった、残念なことだが大命には抗し得ない。軍隊は解散になるものと思う。今後はそれぞれの故郷に帰り、新しい日本の建設を目指して各自、自分の選んだ道を進むほかないと思う」と告げた。

「そんな馬鹿なことがあるかっ、これは陛下の真意ではない。まだ戦えるぞ。あくまでも戦うんだ」とだれかが怒号を発したのをきっかけに、部屋はたいへんな騒ぎになってしまう。わめく者、怒る者、泣くもの、さらには日本刀を抜き払って、あたりかまわず暴れるものもいた。手当たり次第に物をたたきこわす者もいた。

この光景を黙って眺めていた日辻常雄は著書『最後の飛行艇』にこう記している。

　胸がいっぱいで泣く余裕さえなかった。一人黙々としてこの場を去り、飛行隊指揮所にもどった。飛行艇隊の士官たちが黙って私に続く。
　指揮所では、搭乗員、整備員たちがエプロンに整列し、白い掛け布のテーブルの上のラジオをにらむようにして歯をくいしばっていた。しかし一面では、大部分の者は何か割り切ったような顔で私を待っていてくれた。
　この瞬間、私は人事を尽くして天命を待つ心境を悟った。

中海に沈められた二式大艇

終戦の時、詫間基地には二式大艇を改造した輸送用飛行艇「晴空」一機しかなかった。六月二十三日沖縄で日本軍の組織的戦闘が終結。本土への攻撃が日増しに強まるなか、詫間基地が攻撃を受ける可能性が高まってきた。残された二式大艇をなんとか守り、本土決戦にそなえようということで、五機を鎮海（韓国）、宍道湖《しんじこ》、隠岐島に分散していた。しかし七月二十七日鎮海が米軍艦載機に襲撃され大艇二機が炎上、残るのはわずかに三機になった。司令部は宍道湖と隠岐島にあった大艇を能登半島の七尾に全機集めることにした。昭和十七年から生産をはじめ一七〇機製造された二式大艇は戦火が広まるなか、わずか三機を残すのみだったのである。

残された二式大艇は七尾で八月十五日を迎えた。八月二十三日、八〇一空が解散されるということで、この三機も詫間に向かうことになる。この中の一機を操縦したのは、梓隊の生き残り長峯五郎であった。

七尾から長峯が操縦した機を含め二機は無事詫間に戻ったものの、最後の一機はトラブルを起こし宍道湖近くの中海《なかうみ》に不時着水していた。救援機を飛ばすわけにもいかず、復旧の見通しもつかないということで、詫間基地の日辻飛行隊長は、大艇の機銃をおろし、搭載兵器を破壊し、機体を銃撃により処分したうえ、陸行で帰隊するよう命ずる。この時この機に搭乗していた森中尉は、二式大艇との別れをこう語っていた。

まず機銃をおろし、無線機類を破壊した。一同海岸に整列して、ともに戦ってくれた愛機に対し最後の挙手の礼を送って訣別した。滂沱たる涙で顔はくしゃくしゃになった。以心伝心的に事情を知った付近の住民は、搭乗員の後方に集まって涙ながらに合掌していた。機銃を海岸に据え、まさに銃撃を開始しようとしたとき、今まで岸に平行に横腹を見せていた大艇は、風もないのに向きを変えはじめたのである。

あたかも撃たないでくれと哀願するごとく、こちらに尾部を向けてしまったのである。胸にこみあげる熱いものをぐっと抑えながら、漁船を借りて射手を乗せ、大艇の正横に位置させた。「許せよっ」と合掌しながら発射を命じた。

中ノ海の湖面に響きわたる銃声はあまりにも悲しかった。ほとんど撃ち尽くしたが、なかなか燃えなかった。

射手は悲壮だった。弾倉を交換しながら涙の射撃を続けなければならなかった。ついにタンクから火を噴いた。やがて胴体が爆発を起こし、紅蓮の炎に包まれながら静かに沈みはじめた。あの特徴のある高い尾翼をしばらくの間湖面に浮かべていたが、やがて聖者の最期を思わせるように水面から姿を没していった。搭乗員は呆然と立ちつくしていた。皆号泣した。

流れ弾丸のため稲田に火災が起こったが、住民はこの火を消そうともせず、沈みゆく悲劇の大艇をいつまでも見守っていた。(『最後の飛行艇』)

こうして不時着水した二式大艇は、中海の湖底深くに沈んでいったのである。

一方、詫間に無事戻った長峯には八月二十三日、復員命令が出た。

この日、航空隊に下賜されていた天皇陛下の御真影と軍艦旗を海軍省に納めるため、詫間海軍航空隊司令松浦義大佐が飛行艇に搭乗して横浜の大日本航空横浜支所まで飛んだ。横浜が郷里の長峯はこの機に便乗して横浜に向かった。

この機は昨日までは長峯の愛機であったので、最後の着水は自ら志願して長峯が操縦した。着水してブイを取りスイッチを切った。プロペラがぶるんぶるんと鳴り、ゆっくりと停止した。

このとき私は「これですべてが終わった」「おれはついに生きのびることになった」という、虚脱感をおぼえた反面、不思議な安堵感にも似たものが心の片すみに芽生え始めていたのも事実であった。(『二式大艇空戦記』)

長峯五郎は大日本航空に別れを告げ、八幡橋（横浜市磯子区）のたもとにある三叉路に差しかかった。西へ行けば横須賀、北へ行けば郷里の池辺（横浜市緑区）である。このとき二機の海軍機が上空を飛びながら伝単（ビラ）をまいていた。これは厚木航空隊と横須賀航空隊などの徹底抗戦派が、戦争続行を訴えるものだった。長峯はこれを手にとるものの、

だが、私はすでに、「梓隊」を頂点として、情熱を燃やし尽くしてしまっていたのか、それまで張りつめたものが、昨日の詰問ですっかり取り払われてしまっていたのか、身体の中に、別な私があったもののごとく、徹底抗戦を呼びかける彼らの爆音も、暑い日差しの中で虚ろに聞き取れるのみであった。

（中略）

私は、漠々とした心の中に、「やるだけはやった」「出すべき力は出し尽くした」という後の一種の虚脱感にも似た思いを胸に抱き、三差路を真っ直ぐに北へ向かって歩きだした。このとき私には、なぜか、梓隊の英霊たちがかわいそうに思えてならなかった。

長峯はこう『二式大艇空戦記』を締めくくった。

生き残った長峯は戦後、水産仲卸の長峯水産を経営する。会社は横浜南部市場にあり、同業

者組合の役員なども務めるなどの活躍をされたとのことである。

長峯が通った横浜南部市場の敷地は浜空の基地と隣接している。かつて水上機が離着水をしていた海を埋め立てた地に建っているのである。長峯はこの場所にどんな思いで通っていたのだろうか。

九七式飛行艇の台湾銀行券輸送

慶珊寺住職佐伯隆定には飛行艇の忘れられないもうひとつの思い出があった。

戦時中は浜空の基地はまったく閉ざされていたわけです。警戒が厳しくて敷地内には絶対に入れないようになっていました。毎朝飛行艇のエンジンの音は聞こえても、その姿は見えなかったのです。私が初めて飛行艇を見たというか、触ったのは戦後のことでした。飛行艇が繋留されているところまで、泳いでいったんですよ。そして触ってきました。憧れの飛行機でしたからね、嬉しかったですよ。でもほんとうに大きかったですね。

この時、富岡には二式大艇はなかったはずである。しかし、富岡基地にはなくても、対岸の

九七式飛行艇　新明和工業株式会社提供

根岸には大日本航空が使用していた飛行艇があったのである。そして終戦の年九月に根岸から飛行艇が台湾に向けて飛び立ったという記録と証言が残っている。これを証言するのは磯子区杉田在住の元大日本航空パイロット越田利成である。

『朝日新聞』神奈川版の連載「神奈川の記憶」第68回（二〇一七年五月二十日掲載）は、渡辺延志《のぶゆき》記者による越田へのインタビューをもとにした記事である。この中に以下の記述がある。

一九四五年八月に敗戦。飛行は禁止された。ところが九月に命令が。目的地は台湾。現金の払い出しが殺到し混乱する状況収拾のため台湾銀行券を届けろという。機体には日の丸を消しミドリ十字が描かれ、客室は紙幣でぎっしり。その重量で飛び立つのが難儀だった。不安な飛行で米軍機のスクランブルを二度も受けた。越田さんにとって飛行艇で最後のフライトとなった。

この時越田が操縦したのは、大日本航空の九七式飛行艇「神津」（J―BACT）で、根岸湾から飛び立ったのは、昭和二十年（一九四五）九月九日の朝七時半のことだった。この飛行艇は、戦後混乱期の台湾経済を支援するため日銀の保証する台湾紙幣二トンを緊急輸送する任務を受けていた。艇体は全て白色塗装され、主翼と艇体側部には誤認されないように連合軍側から指定された緑十字の標識が描かれていた。乗務員は、大堀機長、越田操縦士、佐々木航空士、武宮・加藤機関士、鈴木・某通信士の七名であったという。鹿児島、沖縄上空を通過して午後三時十五分に台湾の淡水に着水、郵便局のそばに繋留された。この現金輸送飛行は二度おこなわれたらしい。「神津」が二回航行したのか、もう一艇の候補であった「巻雲」（J―BACZ）が飛んだのかも知れない。

根岸湾での海没処分

台湾に紙幣を輸送したこの飛行艇はその後、どうなったのだろう？　もしかしたら根岸湾に沈められたのかもしれない。

葛城峻は平成二十八年（二〇一六）十二月に開催された講演会「鎮魂　横浜海軍航空隊—根岸湾が飛行艇の海だったころ—」のためにつくられた資料集のなかで、米軍カメラマン撮影のニュース映画からとられた貴重な写真を掲載している。

そこには敗戦直後に根岸湾に集められた各種飛行艇が写っている。十数機が並べられていたが、海に頭から突っ込むようになっている二式大艇の姿も見える。葛城によると、これらの飛行艇は米軍の手で底に穴を開けられて、海に投棄されたという。この様子を近くの住民がスケッチした絵も残っている。時にはこの沈められた飛行艇が浮かびあがることもあった。この時の証言もこの資料集にはおさめられている。

昭和三十年（一九五五）秋、森島勝は小学校から帰宅してランドセルを放りなげ、すぐにいつもの散歩コースをめぐっていた。堀割川沿いに海に出て突堤に立ち、本牧・三溪園方面を見つめていると、海上にキラッと光るものがひとつ見えた。

かつて大日本航空があったところから沖合一〇〇メートルほどのところに筏のようなものも浮かび、その上に何人かの作業員やダイバーの姿も見えた。筏の上には、筏いっぱいを占める大きな物体があり、それが銀色に光っていたのだ。よく見ると飛行機の残骸のように見えた。

森島少年はすぐにこれは母親が話していた「戦争に負けたときに大日本航空に残っていた飛行艇を、進駐軍にとられないように壊して海に捨てたもの」じゃないかとピーンと来る。翌日も突堤のところに行ってみると、筏は昨日より沖合の方に移動し、飛行機の残骸を乗せて浮かんでいた。二、三日おいてまたいってみると、筏と飛行機は消えていた。忽然と消えてしまったという感じだった。

数日後、突堤に行く道の途中にあるごみ焼き場に行くと、日本発条の工場との間にあった埋め立て途中の四、五十メートルの無人の海岸にあのとき見た飛行機の残骸らしきものが置いてあった。機首を陸の方に向けて、まるで座礁して海岸に乗りあげた船のようだった。翼はなく、胴体だけだった。周りには誰もいない、森島少年は中を覗いてみる。

胴体の右側に縦長の乗降口のような大きな穴が開いていたので、そこから恐るおそる機内を窺った。内部の壁や床は、ものすごい量の海藻やフジツボ、イソギンチャク、カラス貝が付着していて、それが乾き始めて濃厚な海の匂いを発していたのだ。一瞬、息苦しくてひるむくらい匂った。そして、胴体の中へと入った。足の踏み場もないくらい海藻類が繁った床らしいと上に足を載せると、滑って派手に転んでしまった。また、足がずぶずぶと海藻の中に潜ってしまい動けなくなったりと、散々な目にあった。計器類や装備品を探すどころではなかったので、そこそこにして外に出た。その日は、見事なくらい真っ裸にされ、胴体だけで、だるまさん状態で沈められたんだ、という感想をもって引きあげた。

（森島勝「目撃　日航沖のサルベージ―海没処分された飛行艇」資料集『鎮魂　横浜海軍航空隊―根岸湾が飛行艇の海だったころ―』所収）

翌日、やはり誰もいなかったのでもっとしっかり見ておこうと再び中に入ってみる。じっくりと時間をかけて中を見たが、目ぼしいものは何にもなかった。そして数日して、またこつ然と姿を消してしまった。この出来事を母に話すと、「それは日航（大日本航空のこと）の飛行機に間違いないよ。戦争に負けたとき、壊して沖合に捨てていたから。それから、杉田の沖にも、長い間、飛行機が捨ててあったよ。日発（日本発条のこと）の正門脇からよく見えた」と述懐していたという。

森島は自分が見た飛行機が二式大艇であるとしているが、もしも大日本航空の飛行艇であれば、これは九七式飛行艇ということになる。

いずれにか根岸湾にあった飛行艇は消えてしまった。ただ、いまでも日本には二式大艇が一機だけ残っている。

何故残っているのだろうか？

二式大艇アメリカへ

終戦後の九月下旬、岡山県玉島にある部下の実家で世話になっていた、八〇一空飛行隊長日辻常雄のもとに、残務整理をしていた整備隊長から特別任務のため至急航空隊に復帰してほしいという連絡が入る。突然の話だった。

特別任務とは十月末までに、詫間基地にある二式大艇一機を飛行可能な状態に整備せよというものだった。

このとき詫間には七尾から来た二機と囮用としてつかっていた一機の三機が残っていた。日辻はこのなかから一機を選び、かつての部下を集め、十月末に修理整備を完了した。飛行先は横浜で、このあと米軍に引き渡すということが分かった。飛行当日は米海軍戦闘機六機が護衛につくという。

十一月十日、米軍一行はPBY飛行艇でやってきた。これはアメリカ海軍の哨戒用飛行艇で、コンソリデーテッド社が製造したものである。航続距離は四八〇〇キロ以上、連続飛行時間は十五時間に及ぶ長距離飛行を得意にしていたが、巡航速度は二〇〇キロと決して速くはなかった。そのため米軍からは、横浜上空まで先導するPBYを絶対に追い越さないようにと厳重に申し渡されていた。違反すると各基地に待機中の米軍戦闘機がスクランブルをかけるという。

さらにＰＢＹは古いので不時着することもあるので、その時は二式大艇が救助すること、米軍パイロットであるシルバー中尉を二式大艇に同乗させ、操縦をためさせるという条件が出された。これが日本での二式大艇最後の飛行となった。

これには後日談がある。アメリカに空母で運ばれた二式大艇は、アメリカではエミリー(EMILY)と呼ばれていた。この性能を試すため海軍飛行実行部（ＮＡＴＣ）で飛行実験が行われた。

当時アメリカはコロネド大型飛行艇を有していた。二式大艇とほぼ同じ大きさで、世界一の飛行艇と自負していたものである。同じ条件で二機の試験飛行を繰り返すなか、性能に関しては二式大艇の方が遥かにまさっていたことを米軍も認めざるを得なかった。

日本での最後の飛行をした日辻は、その後ノーフォークに保管されていた二式大艇と再会する。このとき米海軍首脳部に対して、これを日本に返還してほしいと依頼した。回答は返還はするが、運搬については日本側が担当せよという条件がつけられた。日本政府も努力はしたがこのときは話が頓挫してしまう。

しかし昭和五十年（一九七五）に日本で航空博物館設立の話がおこり、再び二式大艇返還要請がはじまった。そしてついに昭和五十四年七月十日、日本への里帰りが実現し東京・台場にある船の科学館に復元展示されることになった。

船の科学館に展示された二式大艇　石毛幹一氏提供

その後、平成十六年（二〇〇四）四月からは鹿児島県にある海上自衛隊鹿屋航空基地史料館に展示されている。

いっぽう浜空の基地は戦後どうなっていたのだろうか。

昭和二十年（一九四五）八月三十日、連合国軍最高司令官ダグラス・マッカーサーが厚木飛行場に到着。この日、米海兵第六師団第四連隊も横須賀に上陸し海軍基地を占領した。九月二日、横浜海軍航空隊は米陸軍第五〇八通信修理隊施設として接収され、昭和三十六年十二月からは富岡倉庫と名称を変更し接収が続いた。

かつては海軍基地の町だった富岡に米兵が闊歩するようになった。富岡空襲の犠牲者が運ばれた慶珊寺のある一画は、この米兵たちの現地妻となるいわゆる「パンパン屋敷」がたくさんあったという。住職佐伯隆定は語る。

戦後は、このあたりには二号さん、オンリーさんと呼ばれた女性が住んでいました。このへんの地主さんたちは、オンリーは部屋をきれいにするし、とりっぱぐれもないからって、競ってオンリーさんに貸したがっていましたね。

夏になると、米兵たちといちゃいちゃするのが見えちゃうんです。寺の前に外車を停めて中でキスなんか平気でやっているんですね。羞恥心がないのかと思いました。

寺の裏は空き地になっていたんですが、ここに集団でやってきて、叫び声をあげるは、乱痴気騒ぎをしてるんです。

翌朝そこに行ってみると、避妊具がたくさん落ちていました。すべての価値観が壊れちゃいましたね。敗戦国とはこういうものだとまざまざと思ったものです。

富岡倉庫地区の大部分が接収解除となり返還されるのは、昭和四十六年（一九七一）二月十七日のことであった。その後、平成二十一年（二〇〇九）五月二十五日には全面返還された。

第八章　浜空ノスタルジア

思い出の基地を訪ねて

昭和四十六年（一九七一）二月十七日、富岡倉庫地区の大部分が接収解除になり土地が返還された。返還された土地はおよそ横浜市七十二%、神奈川県（警察）十六%、国（大蔵省）十二%と三者に分割された。市は道路や緑地として富岡総合公園を誕生させる。県は神奈川県警察第一機動隊の訓練所や宿舎として利用し、国は公務員宿舎などを建設した。

私の手元に「懐かしの浜空を尋《（ママ）》ねて」と題された一冊のアルバムがある。これは、接収解除後の昭和四十七年（一九七二）十二月（第一次）と五十二年二月（第二次）にここを訪ねて調査した、元浜空隊員の金子英郎が写真を撮り、本間猛が文章を付したものである。本間は巻頭の「思い出の基地を訪ねて」でこう書いている。

　大鵬萬里我が青春を祖国の運命と倶に大空に賭けた日、あの南溟の果てソロモンにあっても、酷熱の地マーシャルの空で、又濃霧と雪吹のアリューシャンの海で、明日をも知れぬ戦のさ中に何時も若し我れに命ありせば何れの日にか、あの懐かしのハマの港がハマの街が、根岸の海が、杉田の家並みがと、夢と希望を与えてくれた我等のふるさと、我が基地横浜海軍航空隊、歳月流れる如しとやら、あれから既に三十有余年、戦後の幾山河、生き残りし我等も、とうに鬢髪白く、往時の記憶も薄れゆく昨今、年し至《ふ》るにつけ懐旧の念もだし難く、去る四七年の暮れと今春二月中旬の二回に亘り、横浜海軍航空隊跡をカメラ訪問いたしました。

戦後二十七年もの間、閉ざされ入ることができなかった懐かしの基地のいまの姿を目にして、いろいろな思い出や感慨がわき上がってくる。懐かしい場所をめぐりながら、本間はここで過ごした青春のひとときを思いだしながら、写真に添えて文を綴っていく。これらはみなノスタルジアにあふれるもので、どれも味わい深いものばかりである。いくつか引用してみよう。

「衛兵控所」　外出札を受け取る時は、ほろ酔気嫌もシャンとして、一応服装も正したものだった。

「桜並木」　隊門入口の桜並木は昭和十二年の開隊時に苗木を植えたものであるが樹令すでに四十年、所々歯が抜けたようになったが大木に成長して春ともなれば桜花爛漫征空萬里の往時を思い出させる。

都市公園として綺麗に手入れされて、そのたたずまいは、気合の入った声で「敬礼」の余韻が残っていそうな静寂さである。

「神社」　最初の特攻ともいうべき戦死をされた有馬正文中将が司令であった当時、毎日總員起シ前に参拝されていた姿が胸の奥に焼きついている。

　社殿、鳥居、手洗、石灯籠等は残っているが、かなりいたんでいる。かつて朝掃除の時は誠心誠意で清掃し、外出から帰隊の時は、玉砂利を踏んで敬虔な祈りを捧げたのである。

「病室」　木造建物でいたみが甚だしい。月々火水木金々が続くと俺も偶には腹痛にでもならないかナーと、頑丈な身体を怨んだものだ。

「庁舎裏」　明治は遠くなりにけり　三條公の別荘の名残を留めていた五本松も今や枯れてなし。

「第一兵舎」　この舎屋に日本海軍の航空界を代表する、あの髭この髭が屯ろしていた時代が……庭木の成長ぶりに年輪のかさみ、時代の長さをいまさらなさく乍ら感ずる。

「号令台前広場」　白く塗られた号令台に市丸司令が跛歩《びっこ》を引き乍ら登っていく姿が目に浮かぶ。あの司令が海軍最高指揮官として硫黄島で鬼神の奮戦の末玉砕したという、あれからもう三十余年。

「本部庁舎」　本部庁舎も他の建物同様の荒廃ぶりである。庭の植え込みも主の無いまま枝も延び放題。

「第二指揮所」　指揮所は無くなっている。このパートから若人幾人が征ったであろうか。

本部庁舎　昭和 47 年 12 月　金子英郎氏撮影　浜空会提供

あの友もこの顔も再び還てこない。

「士官宿舎」　この一室で田村飛行隊長が久邇宮副長に謡曲宝生流の渋いところを聞かされた一時もあった。

(引用者注・皇族の久邇宮《くにのみや》朝融《あさあきら》王《おう》は昭和十三年から十四年の間横浜海軍航空隊の副長をつとめた)

「第二滑走台」　埋め立てられ道路になっている。代機交換で帰還の時は歓喜に胸を躍らせ、出発の時は意気消沈し、あの娘の面影抱いて一路サイパンまで。

「第一滑走台」　埋め立てられて工業地帯になっている。代機交換が終わっていざ出発。このスベリを離れる時はアーアあの娘ともお別れ、うしろ髪引かれること。

「パート跡」　かつては外敵国防のための訓練の場も、今では内敵過激分子防遏《ぼうあつ》のための訓練の施設。時代は移りぬ。


このパートでは自差《(ママ)》修正の時は本牧の鼻と森町の上の宮様別荘の避雷針を目標にした。今は林立する煙突

第三格納庫　昭和47年12月　金子英郎氏撮影　浜空会提供

かなた。

昭和十五年紀元二六〇〇年の観艦式参列飛行の時はこの拾いパートも翼々で埋まっていた。

「すべり」代機更新なり。イザまたマーシャル、ギルバートへ。昨夜別れた「葦名橋の杵子《きねこ》も日本橋の萬竜も達者で待っていてくれよ」。

「第三格納庫」かつての日、この格納庫を始め、他の格納庫にも九七大艇や、その性能が戦後まで超世界的として認められた二式大艇が所せましと許り入っていた。

「指揮所」午後の閑散とした指揮所のストーブでスベリで獲った浅利や海苔を焼いて食った日もあった。

「道場」曽つては立派な建物で、柔道と剣道で身心を鍛えたところであるが、主のない儘々手入れもなく荒廃し放題というところ。

「烹炊所」昔はどうして、あんなに何でもうまかったのだろう。飛行作業が終り兵舎に帰る途中、烹炊所からの臭を嗅ぐと腹の虫が鳴いたものだ。

「洗濯場」　冬の洗濯は楽でなかった。若《ジャク》の時には、どうかすると失敬されて、あとで員数を揃えるのに苦労した。それも今は昔、丈余の枯れすすきが風にゆれていた。

「玄関」　正面玄関。かつての日、海空軍草分けの人だった三木司令や市丸司令その他歴代司令を送迎したところも今は草むしていた。

「第二兵舎」　前の道路が舗装されているので、それ程の荒廃感は無いが中を覗くと、これがまあ、ついの住家かと、その荒れ方に胸が痛くなる。

「旧横浜海軍航空隊跡調査書」
浜空会提供

青春をすごしたところをまるでタイムスリップするように何十年ぶりかで訪れて、甦ってくる青春のひととき、そして現在の痛ましいその姿が交錯するなかで生れたノスタルジアがここにある。

第一次の調査報告をもとに昭和四十七年十二月に『旧横浜海軍航空隊跡調査書』がまとめられた。

浜空の復元図

この『旧横浜海軍航空隊跡調査書』を参照しながら、実際に現地に何度も足を運び浜空施設の復元図をつくったのが、何度か本書に登場している葛城峻である。葛城は金子と本間の調査報告を参考にして、返還後の利用計画図や金子が撮影した各施設の写真などをそこにはめ込み、「横浜海軍航空隊構内配置復元図」を作成した。この図は何度も手を入れより正確なものを目指した。また、資料集への掲載や講座の資料として使用するに際して、ふさわしいかたちに加工するなどした。その一つを本書にも掲載する（一六六―一六七頁参照）。

この図をみると当時の施設がどんなものだったのかが、はっきりと浮かび上がる大変な労作である。これだけ精密な復元図ができあがったのは現地を歩き、古い記録や写真を掘り起こしたからにほかならない。葛城は資料集『鎮魂　横浜海軍航空隊―根岸湾が飛行艇の海だったころ―』に収めた「横浜海軍航空隊遺跡見学記」の中で、第一機動隊の敷地に残っていたかつての格納庫を発見したときの驚きをこう書いている。

横浜航空隊の遺構などとっくに消滅したものと諦めていたが、あるとき公園の展望台に上ってみて驚いた。クツモ鼻や鴻ノ巣鼻は埋立地に取り込まれているが、周囲の高層ビルやしゃれたマンション群とは全く異質の錆びた大きな鉄骨建物が訓練用地の手前に頑張っているではないか。戦後間もない頃の航空写真での位置から見て間ちがいなく浜空の飛行艇の格納庫だ。日本の航空史上、また建築史上のモニュメントたる飛行艇基地が、B29の爆撃以上に破壊力を発揮した都市再開発の嵐の中で健気にも生き残っているのである。

私も葛城が上った富岡総合公園の展望台には何度も行っている。とてつもなく大きな倉庫があるなと思ったが、正直気にもとめなかった。なにより気になったとしても中を見学するなどということは思いもつかなかった。なにせそこは機動隊で、とうてい見学などさせてくれるはずがないと思っていた。しかし葛城は好奇心のおもむくまま、「あたって砕けろ」の精神で行動を起こした。そして、この機動隊構内の調査を行っているのだ。

「ダメモト」の思いで機動隊あて構内見学願いを出したところ、はからずも許可をもらうことができた。しかも「機動隊指導官」のいかめしい肩書の警部さんが「日直ですから」と構内すみずみまで案内してくれる親切なオマケつきである。

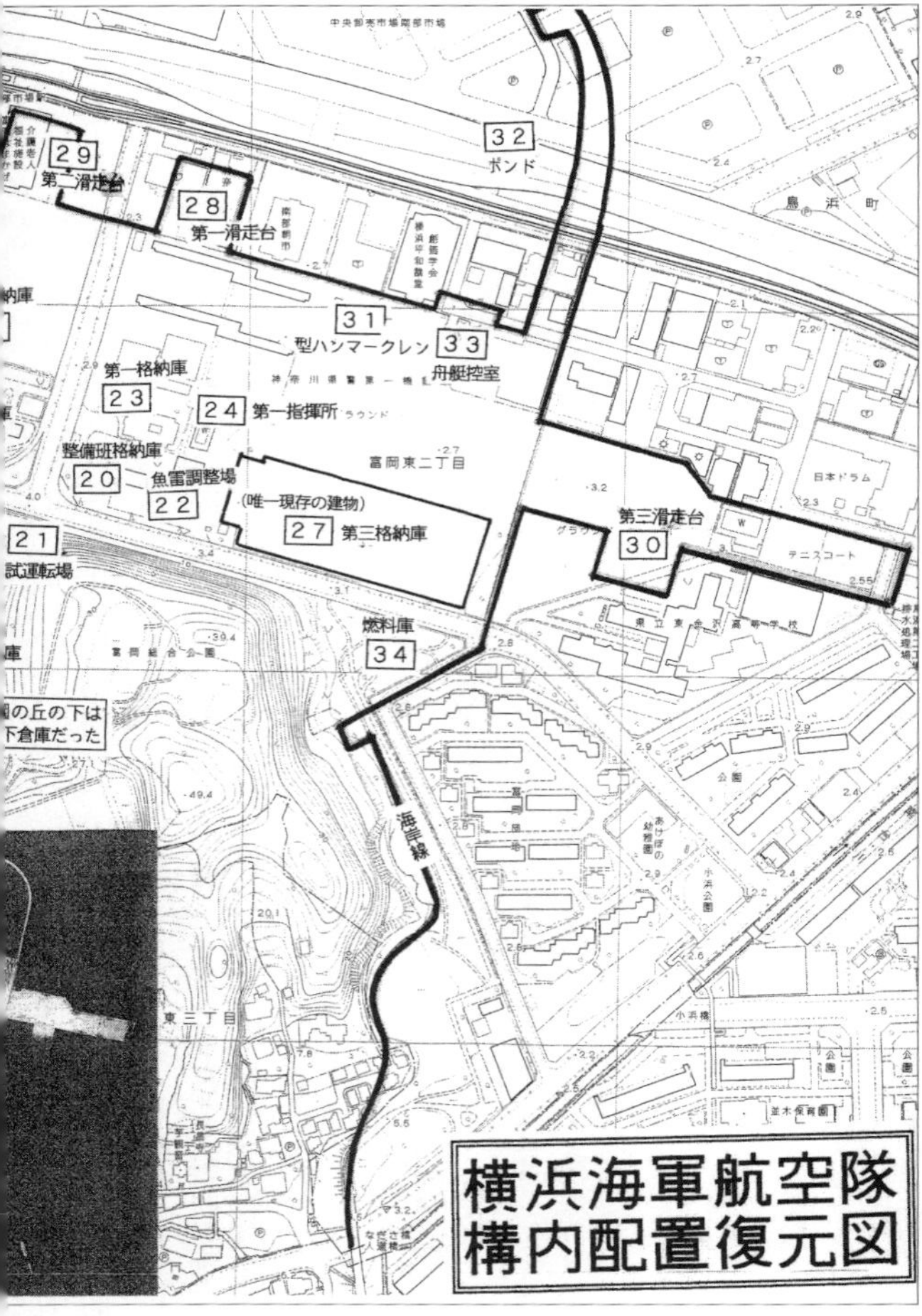
29
第二滑走台
28
第一滑走台
32
ポンド
31
型ハンマークレン
33
舟艇控室
第一格納庫
23
24
第一指揮所
整備班格納庫
20
魚雷調整場
22
(唯一現存の建物)
27
第三格納庫
21
試運転場
第三滑走台
30
燃料庫
34
海岸線
富岡東二丁目
鳥浜町
日本ドラム
テニスコート
富岡総合公園
中央卸売市場南部市場
小浜橋
並木保育園
横浜海軍航空隊
構内配置復元図

「横浜海軍航空隊構内配置復元図」　葛城峻氏提供

浜空遺構最大のものは、葛城が展望台から見て驚いた第三格納庫である。これについてはこう書いている。

間近に見る格納庫の巨大な鉄扉は錆びついたまま開閉できず、一部を出入り口に、内部はすべて機動隊の特殊車両の車庫として使われている。指導官の説明では建て直しには十億円もかかるが耐震性チェックの結果充分使用が可能の判定だったのでそのまま使っているとのこと。間口一五〇メートル、奥行き七〇メートルの広大な格納庫に入れば内壁や天井はかなり荒れているもののよく原形を保ち、たった一本で棟桁を支え中央にそそり立つ鉄骨主柱は頑強そのもので、横須賀海軍工廠の製作と想像された。

敷地のはずれはかつては岸壁であり、ここにはポラードと呼ばれる、船のもやい綱を巻きつけるための低く太い鉄製の円筒状構造物もまだ残っていた。また構内のあちこちにはレールもあった。こうしたレールは岸壁から陸揚げされた弾薬や魚雷などを地下倉庫に運ぶためのものだったのだろう。葛城は地元の郷土史サークルの人たちや、浜空の元隊員たちを案内しながら、何度となく機動隊を訪れ、浜空施設復元図を確かなものにしていった。

浜空遺構見学

私もいつかこの機動隊の中にある浜空遺構を見学したいものだと思っていたとき、葛城から金沢区生涯学習『うみねこ』主催で、自分の講演と案内で遺構見学があるという連絡が届いた。こういう機会はめったにあるものではないと、参加させてもらった。

平成二十九年（二〇一七）八月二十九日、じっとしていても汗がにじみ出てくるような、湿気の多い暑い日であった。最初は横浜南部市場の会議室で「鎮魂　横浜海軍航空隊―金沢富岡沖・根岸湾が飛行艇の海だったころ」と題された葛城の講演を聴いた。この講演のなかで葛城は米軍が撮影していた根岸湾に集められた二式大艇やほかの水上機が映る貴重な映像を見せてくれた。

二時間あまりの講演が終わったあと、徒歩で第一機動隊まで移動し、敷地内に残る浜空遺構を見学することになった。炎天下、アスファルトも溶けるのではないかと思うような熱気が漂うなか、葛城はハンドマイクを持って、解説を交えながら施設の中にある遺構を案内してくれた。八十六歳（当時）という高齢にもかかわらず、その疲れを知らない若さというかヴァイタリティーには圧倒されてしまった。

何度も案内していることもあって、説明はどうに入ったものである。最初に案内されたのが、

現在の旧第三格納庫

旧第三格納庫である。葛城の説明によると、以前は米軍に接収されていたときの名残として、PAINT SHOP、WELDING SHOP、WHEEL、VEHICLE SHOPなどの文字が外壁にあったという。

しかし、当時毎年行われていた「横浜国際女子駅伝」の中継を見ていた市民が、「まわりの綺麗な建物の中でどうして赤錆のついたボロ建物をそのままにしておくのか」という苦情の電話を機動隊にかけてきたことがあり、やむなく上塗りされて綺麗にされてしまったという。

いよいよ旧格納庫の中に足を踏み入れる。中に入ってまず驚いたのはその広さである。倉庫内の半分以上は閉鎖されたままなのにも関わらず、かつては飛行艇が何台も収容されていたわけだから大きいのはもっともなのだが、それにしても圧倒される広さと大きさであった。次に驚いたのが堅牢なつくりである。これだけ大きな倉庫の屋根を支える骨格ともなるべき支柱が、いまの建築では見ることができないような骨太な構造になっている。耐震性に問題がないので八十年近く経っているのにもかかわらずそのまま使えてしまうのは、なにより構造がしっかりしているからではないか。

もうひとつ私が気になったのは、ここの空気はもしかしたら八十年前からのものではないかと思わせるような、澱んだものだったことである。正面扉も開かず、一部の扉からしか通行していないということもあって、閉鎖された状態が続いていたこともあるのだろう。しかしこうして壊されずそのまま残っていたからこそ伝わる空気の流れであった。歴史の重みを伝える澱んだ空気と言えるかもしれない。

この後もポラードや地下倉庫につづくレール跡、当時のものと思われる錨マークがついたマンホールの蓋などを見学する。最後に案内されたのは機動隊の玄関前にそそり立つヒマラヤ杉であった。創設当時からあったというこのヒマラヤ杉は、八十年以上もここで時代

ポラード

の移り変わりを見ていたことになる。仰ぎ見る杉の枝の間から強い陽差しが差し込んでいた。

毎年四月第一週の日曜日に行われる慰霊祭のあと、浜空の元隊員や遺族の方の希望で二度ほどここを案内したことがあるという葛城は、その時戦友や夫君や兄弟がここで過ごした日々に思いを馳せて、目頭を抑える人たちの姿が忘れられないと言う。

こうした戦争遺構は、まだまだ多くのことを私たちに伝えようとしているように思えてならなかった夏の一日であった。

第九章　神社から慰霊碑へ

浜空神社の由来

アルバム「懐かしの浜空を尋ねて」の中で、浜空神社は「社殿、鳥居、手洗、石灯籠等は残っているが、かなりいたんでいる」と本間猛が嘆いていた。このとき金子英郎が撮影した写真を見ると、その荒廃ぶりが目につく。米軍が接収していた二十七年の間、見捨てられていたままになっていたのだから、こうなるのも無理もない。この痛ましい写真を見て、かつての浜空隊員たちは浜空神社をなんとか復活させようと立ちあがることになる。それだけ浜空神社は、浜空にとって精神的な拠り所、象徴的な存在であった。

浜空神社は、昭和十三年（一九三八）四月五日に創建され、その時は「鳥船神社」という名前であった。当時の新聞はこう伝える。

横浜海軍航空隊ではかねて構内に建設中だった同隊の守護神「鳥船神社」がこの程竣工したので、来る十五日午後六時から市丸司令以下隊員参列鎮座祭を挙行、翌十六日は奉祝祭を催し午後一時半から半井知事青木市長市内青年団長ら約三〇〇名を招待し祝宴を張ることとなった。同神社は、「海の荒鷲」の武運長久を護るための守護神を是非とも献納したいとハマ市内一一六の青年団が力を合わせて募集した寄付金四八七六円七一銭をもっ

浜空神社　昭和47年12月　金子英郎氏撮影　浜空会提供

てつくられたもので、鳥船神社と命名されたのは天鳥船（鳥之石楠船神）の故事による建御雷神（武甕槌神）に随ひ船に乗って空中を降り出雲討伐に向ったという迅速果敢な武神の名に因んだものである。（『読売新聞』神奈川読売　昭和十三年四月十二日）

毎朝掃除をし、参拝し、飛び立つ前には安全飛行を祈願し、戻った時には無事帰隊を報告した神社の存在は隊員たちにとっては日常の一部になっていた。それがこれだけ荒れ果てているのを黙って見過ごすことはできなかった。

浜空会の歩み

神社復活の活動の中心となるのが、浜空の元隊員、

ツラギに建てられた慰霊碑　石毛幹一氏提供

遺族、関係者などで結成された浜空会である。昭和三十六年（一九六一）七月、浜空会は「会員同志の親睦と友誼を深める」、「純粋名な誠心で戦友の慰霊と遺族の交流をはかる」、「浜空神社を全飛行艇隊殉国者の慰霊の場として護持存続を計る」ことなどを目的として発足した。

浜空会が取り組んだ最初の大きな活動は、ツラギで玉砕した仲間の遺骨や遺品を収集し、慰霊することだった。昭和四十六年十月元海軍中将草鹿任一を団長とした第二次南方方面遺骨収集派遣団が結成された時、ツラギから生還した宮川政一郎らを派遣した。帰国してから横浜で、遺族多数を集めて報告会が開かれた。そして翌年七月に再び代表団を派遣して、ツラギに慰霊碑を建立する。高さ六メートル、幅二メートルの立派なものであった。

昭和五十一年二月には『海軍飛行艇の戦記と記録』を発行し関係者に配布した。同年十月、浜空のあとを継いだ八〇一空が解散した香川県の詫間で、飛行艇合同慰霊祭を催してもいる。そして浜空会の悲願であった神社修復をなし遂げたのが、昭和五十三年四月のことであった。

このあと新装なった神社で、隊員有志が集まって第一回清掃実施、そのあと亡くなった仲間たちへの慰霊祭が開かれる。この神社修復が完成したことによって、かつての鳥船神社は浜空神社と呼ばれることになった。

浜空会の会報『しめなわ』第二七号（平成十六年四月発行）に「鳥船神社を修復・復活」と題した一文があり、その中で次のように書かれている。

終戦により航空隊は米軍に接収され、軍需基地として使用された。昭和四十六年二月、日本政府に返還され大蔵省管轄となっていたが、同年八月所管は横浜市に移った。

昭和三十六年七月に発足した浜空会は、すかさず調査を開始した。調査の結果は神社の周囲は荒廃し、鳥船神社は倒木の下敷きとなっていた。

浜空会では、何とかして神社を復活し、二〇〇〇余柱の戦没隊員の慰霊をすべく力を合わせ、昭和五十三年四月、漸く修復に成功し、第一回の清掃を実施、慰霊祭を行うことが出来た。

復活なった浜空神社　浜空会発行『会員名簿（海軍飛行艇会）　昭和63年10月』より

この後、毎年四月の第一日曜日に浜空神社で慰霊祭が執り行われるようになった。

昭和五十七年（一九八二）九月には神社大鳥居建設、五十八年三月神社本殿改修工事及び灯籠二基奉納、五十九年九月神社本殿玉垣建設と、浜空神社は次第に立派な神社へと生まれ変わっていく。平成元年（一九八九）四月には大鳥居修復、同年八月社殿・大鳥居・水屋・玉垣・灯籠・水洗い及び防腐剤塗装している。

これだけの事業をやりとげるには相当な資金が必要になったと思われるが、その度ごとに会員たちからの寄付が集まった。

私の手元に浜空会世話人代表を務める加藤亀雄が所有していた浜空会名簿の、昭和四十四年度版と六十三年度版がある。昭和六十三年度名簿には復活なった浜空神社が写真で紹介されている。

名簿には四百一名の会員（前述したように作家池波正太郎の名前もある）、賛助会員として二十五名（川西航空機を継いだ新明和工業の航空機事業本部長、地元の郷土史研究家なども含まれている）、五十一名の遺族（歴代の司令であった三木、有馬のご遺族、橋爪寿雄大尉の妻なども含まれている）、七十九名の物故会員、合計五百五十六名の名前が掲載されていた。おそらくこの頃が浜空会の活動のピークとなっていたのではないだろうか。

しめなわ桜と会報『しめなわ』

浜空会世話人代表の加藤亀雄が保管していた資料のなかに会報『しめなわ』のうち平成十二年（二〇〇〇）四月発行第九号と同年八月発行第十号、平成十六年四月発行第二十七号があった。各号に『しめなわ』というタイトルの由来となった「しめなわ桜」ついての一文が掲載されている。第十号にはこうある。

昭和十一年十月一日、横浜海軍航空隊の開設に伴い、同年十二月二十日に若い隊員たちの手によって植樹された桜の苗木が、六十有余年の歳月を経て春の慰霊祭は豪華絢爛に咲き誇り、参り集う人々を歓迎してくれる。

然も、その桜の巨樹は総てが「しめなわ状」と云う、世界希有な神木としての形態・勇姿だ。遥かなる南の島々の空に海にジャングルで、祖国の永遠の平和と繁栄を希求しながら、散華した英霊の魂魄が入り込んだ「しめなわ桜」には、「慰霊の聖地」を護る「浜空会」の、赤心と、その真心に応える因縁があるような気がしてならない。(編集室)

会報では会員が神社を掃除する写真や、その年の慰霊祭の様子が写真入りで紹介されるほか、隊員の戦争のころの回想をはじめ、船の科学館に置かれていた二式大艇が海上自衛隊鹿屋基地に移送されるというニュースなども紹介されている。

時代も平成に入ると、次第に会員の高齢化が進んでいることが、掃除をする会員の写真や慰霊祭の写真を見てもわかる。かつて開隊の時に植えられた桜も、老齢に達していた。平成十二年（二〇〇〇）八月発行の第十号のあとがきではこんな感慨深げなことが書かれてあった。

小指大の桜の苗木が、隊員たちの手によって植樹されてから六十有余年の歳月を重ねた。その間、遙かなる南方戦線で、沖縄戦で散華した将兵の魂魄が入り込み、巨樹、巨木となって春、爛漫の花を咲かせる「しめなわ桜」も重ねる歳月は隠せない。老化が進み空洞の前兆も見受けられる。

浜空会も発足から二十八《ママ》年の歳月が流れた。元気溌剌な青・壮年も寄る年波には逆らえない。一人減り二人去りで今や老兵の域に達し、慰霊祭参加も減少の一途を辿っている。今こそ、地域社会への積極的な呼びかけと、その理解と協力を得て、百年の計を樹立する必要に迫られているのでは？

浜空神社の移転と慰霊碑の建立

毎月のように行われていた神社の清掃も、会員の高齢化によって次第に参加者が減っていった。

加藤亀雄が、世話人代表を引き受けたのは平成十一年（一九九九）のことである。海軍では予科練甲飛十三期の出身で、浜空に所属したことはなかったが、先輩から誘われ浜空会に入会した。時が過ぎ、気がついてみたら、周りに誰もいなくなり、先輩から「なんとか神社を守ってくれ」と懇願され、世話人代表を引き受けた。年老いた者が世を去っていくのは自然の掟である。会員が減り、掃除もままならなくなり、このままではせっかく復活させた浜空神社がそのままた朽ちてしまう。

加藤は富岡総合公園を管理する横浜市に何度も足を運んで、神社の管理を委託できないか陳情するものの、神社の土地が市のものではなく大蔵省（現財務省）のものだからそれは出来ないと、聞き入れてもらえない。それではということで横須賀の海上自衛隊や水交会（海軍戦没者及び海上自衛隊殉職隊員等の慰霊顕彰などを目的につくられた公益財団法人）などにもあたってはみたものの、現状のまま管理してくれるところはなかった。

このままではいけないということで加藤は神社の移転を決意する。この時相談できる何人かの浜空会会員にも事情を説明して、平成二十年（二〇〇八）四月の慰霊祭をもって浜空神社を横須賀市の追浜にある雷《いかづち》神社に移すことを決定した。会員に宛てて平成二〇年一月、次のような手紙が送られている。

迎春　新年のお慶びを申しあげます。

御指導御協力を戴きありがとう御座居ます。厚くお礼申しあげます。

浜空神社に関して御報告を致します。神社社屋としての慰霊祭は本年四月六日（日）が最後になります。次回八月よりは神社社碑として鎮魂碑の慰霊祭となります。

①神社を維持し管理する世話人役人が加齢となり体調不良の役員が多く世話人会にも出席者が八名以下となり神社清掃には二～三名の状況であります。一番若い方でも八〇歳を越えました。この様な有様でして神社の維持管理が不可能となりましたので、会

議相談の結果残念ながら神社社屋を本年五月末頃迄に解体致しまして跡へ石碑に依る慰霊碑を建立する事に致しました。

②石碑の慰霊碑建立の為、浜空会に関係ありました先輩同窓御遺族の皆々様に御芳志をお願い致します。何卒宜しくお願い申し上げます。

加藤は新たに建立する慰霊碑を建立の資金集めのため、会員や関係者に寄付を呼びかけ、およそ二〇〇万円を集める。

その他にも神社を解体するための手続きに追われることになった。そのまま神社をなくす方向で進んでいたのだが、横須賀市追浜にある雷神社が申し出て、ここに遷座されることになった。加藤は「雷神社が『引き取りますよ』と名乗りをあげてくれたんですね。助かりました」とこの時のことを振り返っている。この他にも加藤は、神社が建つ富岡総合公園を管理する横浜市南部公園緑地事務所に「浜空神社大鳥居解体申請書」を四月に提出するなど、残務整理に追われていた。

そして神社解体作業も無事終え、平成二〇年（二〇〇八）八月三日に浜空神社跡に建立された慰霊碑の除幕式がとりおこなわれた。浜空会員や関係者がおよそ四十人集まった。この碑には浜空会のシンボルとなっている休止符に止まった海鷲の下に「鎮魂　海軍飛行艇隊」と彫ら

「鎮魂　海軍飛行艇隊」碑　平成20年8月3日　浜空会提供

れている。この碑の裏側には、浜空の歴史を伝える文面が刻まれていた。

濱空神社の碑

此処に横濱海軍航空隊の戦没者、物故者二千余柱の英霊をお祀りしていた「濱空神社」がありました。名称は、古事記の「石楠船神」又の名「天鳥船」に因み、鳥は水鳥のように速く進む意味の「船神」に由来するものです。

昭和十一年十月一日、この地に我が国における飛行艇部隊の本部として、横濱海軍航空隊が開隊され、以来、「九七式大艇」や昭和十七年には世界最優秀艇と謳われた「二式大艇」が開発され、隊員は日夜猛訓練を続け、曩《さき》の大戦におきましては華々しい戦果を挙げ、又、多くの隊員が祖国のために散華されました。

毎年四月と前線部隊がツラギ島で玉砕された八月を記念して生存隊員並びに関係各位により、濱空神社で慰霊祭を行い、英霊に対し、鎮魂と慰霊の誠を捧げて参りましたが、戦後六十三年を閲し、神社の社屋の老朽化と境内の清掃などの維持管理に当たる世話人の老齢化により、誠に残念ではありますが、濱空神社を今後も維持管理することが不可能となりましたので、平成二十年四月六日の春の慰霊祭を最後に、神社の社屋は、追浜本町雷神社に移築して、今後の維持管理をお願いし、神社の跡地にこの石碑を建立することになりました。

石碑正面の記号は、飛行艇の記号に音楽の休止符を織り込み「休める飛行艇」を意味する濱空会のバッジです。此処に謹んで英霊に対して鎮魂の誠を捧げ碑文を賦します。

平成二十年八月吉日

遷座先　横須賀市追浜本町一—九　雷神社

世話人代表　加藤亀雄

浜空神社は移転したものの、亡くなった浜空隊員の遺品が埋められたこの場所、浜空創設の地であるこの富岡に、いままでみんなが語り伝えようとした思いをなんとしても残したいという願いがしみこんだ立派な慰霊碑が建立されることになった。なんとか先輩たちの思いを伝えたいという加藤亀雄の執念が実ったものである。

　加藤には戦争をくり返してはならないというメッセージを、どうしても伝えていかねばならないという思いがあった。それは彼が元特攻隊員であったことと無縁ではない。

第十章　生き残った特攻隊員の思い

元特攻隊員との出会い

序章で書いたように、私が浜空のことが気になり、取材をしようと思ったのは、タウン紙に掲載された加藤亀雄のインタビュー記事を読んだことが大きい。

「あの日天気が良けりゃ、死んでましたよ」と、忘れられぬその日を振り返る。一九四五年六月十日鹿児島県指宿を発ち、零式水上観測機で沖縄へと向かった。任務は「特攻」。「親兄弟を守るために早くぶつかってやろう。その気持ちだけだった」『タウンニュース』二〇一四年四月一七日

加藤は特攻隊員だった。まだ成人前にも関わらず、特攻隊員として死と隣り合わせになっていた。どんな思いだったのだろう。平成二十六年(二〇一四)十月と平成二十九年一月の二回、逗子でひとり暮らしをしている加藤の自宅を訪ね、話を聞かせてもらった。

最初に伺った時は八十七歳だったが、とてもそんな年に見えない若々しい張りのある声で質問に答えてくれた。とにかく記憶が鮮明なのには驚かされた、七十年以上前の出来事をまるで昨日のことのように甦らせてくれた。

加藤は浜空の元隊員ではない。しかし現在の浜空会を支え続けている。加藤はどのような人生を歩み、浜空とはどのような経緯で関わり、浜空会を支えてきたのかなどを明らかにしていきたい。

十六歳で予科練に入隊

加藤亀雄は昭和二年（一九二七）群馬県群馬郡大類村（現高崎市）で農家の長男として生れた。父は陸軍火薬造兵廠に勤めていた。高崎には陸軍歩兵第十五連隊があり、このあたりの男子にとって陸軍に行くのは当たり前のことだった。加藤の親戚もみな陸軍だった。しかし加藤は海軍に入隊することになる。

中学生のころの僕はどっちかというとワルのほうだった。軟派っていうやつです。盆踊りなんかあると隣町の女子に話しかけたりしてね。そうするとそれが面白くないってその町の男子と喧嘩ですよ。それで校長に目をつけられていたんですね。
ミッドウェー海戦で日本が負けて、優秀な搭乗員がたくさん亡くなったということもあって、海軍は飛行機乗りをすぐにでも養成しないといけないということがあったんでしょうね、学校毎に割り当てをして隊員を集めようとしていたみたいです。
それで校長はワルの僕たちに目をつけ、最初は「いいところだぞ」なんて誘ってきたのが、だんだん強圧的になってきて、「入らないと卒業させないぞ」なんて言われて、しかたなく他の四人と一緒に海軍に入ることになりました。

海軍入隊を決めた加藤に対して家族は猛反対する。陸軍に勤務していた父などはしばらくの間、親の承諾印を押すことを拒否していたという。
加藤は昭和十八年（一九四三）十月一日、第十三期海軍甲種飛行予科練習生（予科練）として土浦海軍航空隊に入隊した。

当時は男女別学、色恋を歌った歌なんかありませんでした。「勘太郎月夜唄」って歌ご存じですか？「泣いて見送る紅つつじ」っていう一節があります。紅つつじというのは見送る人ってことになるんですね。出征で高崎駅を出る時に、一緒に入隊した仲間がみんなで「紅つつじ」来てたかなんて言いあったりしてました。

そんなまだ幼さを残した十六歳の加藤亀雄少年が入隊した昭和十八年には、予科練に全国で二万三千人が入隊したという。そしてあちこちに新たな航空隊ができていった。

加藤は昭和十九年四月三十日、約半年間の訓練を終える。ここで操縦か偵察に分けられるのだが、加藤は操縦を選び、茨城の鹿島海軍航空隊で水上機の操縦訓練を受けるため、五月に鹿島へ向う。ここで一八〇時間の飛行訓練を終えて、昭和二十年一月に卒業、いよいよ実戦部隊に配属されることとなった。

戦争は決して勝っていないないということは感じましたよ。空襲もはじまりましたからね。

それからまもなく特攻命令が下ることになる。

訓練期間中の加藤亀雄　昭和19年12月頃　加藤亀雄氏提供

特攻命令

昭和二十年三月に全搭乗員に特攻命令が下されました。二月に米軍が硫黄島に上陸したことで、上の方は特攻ということになったのでしょう。僕たちは小学生の頃から天皇陛下のために死ぬということを教え込まれたわけですからね、ごく当たり前のこととして受けとめていました。

四月二十五日、加藤は鹿島海軍航空隊の仲間と共に宍道湖《しんじこ》に向った。当時は階級が短期間で上っていった。宍道湖に着いたときには、入隊当初の水兵服から予科練の七つボタンの制服を着るようになった。

憧れの七つボタンの制服です。女の子にもてるわけですよ。まだ十八かそこらで七つボタンでしょう、先輩たちから「なんだ、ぼた餅兵曹か」って言われました。なにかと思ったら「棚からぼた餅」のぼた餅なんですよね。

宍道湖近くには玉造温泉があった。このころは比較的自由な時間があって、ここにもよく通うことになったが、一般の人たちが多いときに行くのは禁じられたという。皆の尻にはシゴキのためバットで叩かれた痣が残っているので、それを見られたらまずいだろうという上官の判断であった。加藤たちはいつも昼過ぎに温泉に行ったという。

特攻を命じられている身とはいえ、まだ牧歌的な生活を送っていた宍道湖から高知県の宿毛基地に移ると、生活が大きく変わっていく。多くの部隊がここに集められ、大部隊になっていた。しかも南方戦線から帰って来た、いわゆる強面の兵士も数多く、宍道湖の部隊のようにいかなかった。気心がしれている仲間たちと一緒のころとはちがい、ピリピリした空気に緊張する毎日となった。

ドイツが無条件降伏した五月になると、特攻出撃が毎日のように続いていた。菊水七号作戦のもと徳島海軍航空隊と高知海軍航空隊が共同で、「白菊」と呼ばれた練習機による特攻まで開始した。

五月から特攻が急に激しくなりました。五月七日・八日に出撃した特攻は沖縄で成功して、米軍に打撃を与えたんです。これに対する報復攻撃ということで米軍は五月十五・十六日と二日にわたって、B29一五〇〇機で九州や四国を攻撃します。九州の飛行場は軒並み爆撃されました。日本は慌てて飛行場を修理しながら、また特攻に出すんですね。

五月二十日以降は、赤トンボと言われた九三中（九三式中間練習機）も特攻に駆り出されました。二五〇キロの爆弾二基をピアノ線で結わえて突撃させるんですから、ひどい話ですよ。あとで聞いたら鉄板つかわないでベニヤ板と布とジュラルミンだけで飛行機をつくったって話です。これだとレーダーにかからないというんですが、エンジンは鉄からできているのを知らないんですかね。

死ぬだけだからいいや、ということなんですかね。練習機を飛ばしてぶつからせていたわけです。いったい上の連中はなにを考えていたんでしょうね。

そしてついに加藤のもとに、特攻基地となる鹿児島指宿基地に移動せよという命令が届く。

その日

六月二十五日午後七時半、加藤たちが搭乗した零式水上観測機は出撃する。

毎日仲間が出撃していきました。自分たちがいつ出撃するかというのはわからないんです。ただ特攻に行くことだけは間違いない。指宿に着いてからは待遇がぐっとよくなりましたね。飯の時は焼酎が出て、サントリーのウィスキーも飲めました。たばこ吸う隊員には「ひかり」とか「チェリー」も配給されました。ご飯も白米が出たし。虎屋の羊羹も配給されました。一杯飲んでね、歌を唄うって言っても、勇ましい歌は唄いたくなかっ

出撃前の加藤の隊　加藤亀雄氏提供

たですね。歌謡曲ですよ。「あきらめましゃんせ」とかダンチョネ節とかね。誰かが軍歌唄うかなんて言っても「やめとけやめとけ」なんてね。

毎日特攻は出て行ったので、ここにいる限りは特攻出撃で間違いないんですが、いつ自分たちが飛ぶのかわからないわけですよ。早く行った方がいいなあって思っていました。この待つというのは嫌なもんでした。

いまでも思い出すとたまらないのはね。夕飯を一緒に食べた連中と「何時の搭乗だって？」と聞いて、「それじゃなあ」と別れて、翌日の朝になると、そいつの使っていたものがあっさりと片づけられていくんですね。これを見るのがほんといやでしたね。

よく聞かれますよ。その時どんな気持だったかってね。これが答えようがないんだな。小学校の時からそういう教育を受けてきたんで、死に対しての特別な感情というのはなかったですね。それより夜に出撃するわけですから、敵艦が見えるかどうか、それが心配だったですね。

午後七時半、六月末で九州でも南のほうだからまだ明るかった。屋久島を過ぎたあたりから雨がぽつりぽつりと降り出してきた。そして飛び立って三十分ぐらい経った頃だったろう、奄美大島上空に達したところで、雨がかなり激しくなってきた。敵艦を見失うどころか前も見えなくなってきた。台風が接近していたのである。

先頭を飛ぶ指揮官搭乗の一番機がゆっくり旋回するので、加藤も後に続く。そして飛び立った基地へと戻ることになった。基地に戻ったら、上官が駆け寄ってきて、いきなりビンタされ、それこそ足が立たなくなるくらい殴られ続けた。

「貴様は命が惜しいのか」って言うんですよ。指揮官の指揮にしたがっただけなのに、あのまま突っ込んだ方が良かったと思うぐらいひどいリンチを受けました。あとになってからあの時の指揮官に会って話を聞いたら「このまま行ったたって船を見つけられないから、引き返した」と言ってました。それでも僕はひどいリンチを受けたわけです。こんな目に遭うんだったら、そのまま突っ込んでおけば良かったってつくづく思いましたよ。ただ、明日か明後日かわからないけど、また特攻だろうとは思っていました。

ところが翌日、加藤たち六名は鹿児島の志布志基地に行くよう命じられる。着いたら水上機が十機停まっていた。この時「震洋」が海辺にあるのが目に入った。「震洋」は海軍が終戦末期に開発した特攻用ボートであった。加藤はおそらくはこれに乗って特攻させられるのかと思ったという。

それでもいいやと思っていたんですけど、結局何もすることなく八月になってしまいました。戦後、特攻の指揮官と会ったときに、「お前たちあれからどうしていたんだ」と聞かれたので「志布志です」って答えたら、「お前たち『罰直《ばっちょく》』だったんだなと言われた。特攻に向った者が戻ってきたということで、懲罰で隔離されたんですかね。

そしてここでそのまま終戦を迎えることになった。

終戦

八月十五日の天皇の放送は志布志基地で聞くことになった。

最初は信じられませんでしたよ。ただ負けてしまったらどうしようもない、天皇が負けたって言うんだから僕たちは、その命令に従うしかないですよね。ずっとそういう教育うけてきたわけですから。残務整理があったのと、終戦直後の肥薩線列車退行事故（昭和二十年八月二十二日、肥薩線のトンネルで発生した列車事故で五十三名死亡）もあって、志布志からの電車も止まってしまった。結局、翌年三月になって群馬に帰りました。

加藤は終戦に因んだひとつのエピソードを思い出してくれた。

浜空会の会員で坂井弘行さんという人がいます。彼は零戦乗りだったんですが、八月十五日に特攻に出かけているんですよ。朝十時ぐらいに離陸して、奄美大島を過ぎたところで、先頭を飛んでいた一番機が大きく旋回して基地に戻り始めた。二番機の操縦をしていた坂井さんも慌ててついて基地に戻ったら、終戦っていうことになっていたんだそうです。「俺あれで助かったんだ」っていつも坂井さんは言っていましたよ。

坂井弘行の名は、浜空鎮魂の碑を囲む石柵に刻まれている。「甲飛予科練十二期零戦操縦士」とある。浜空会の役員を長らく務めていたが、いまは慰霊祭にも出席することはないという。

「特攻崩れ」の戦後

戦後の加藤だが、群馬の実家に戻り、いわゆる「特攻崩れ」というレッテルを貼られ、荒れた生活を送ることもあったという。その後群馬の横浜ゴムに勤務し、自分で会社をたち上げたこともあったが、よりによって結婚して一週間後に不渡りを出したりして、その後職を転々とすることになった。

しかし、親戚から紹介された化粧品販売会社の仕事がうまくいった。生活が落ちついた頃から甲飛予科練同志会などに積極的に参加するようになった。

浜空会には、同期の仲間から飛行艇の会があるから手伝ってもらえないかと言われ、昭和四十七年（一九七二）ころに入会した。世話人のひとりとしていろいろ手伝ううちに、気がついてみたら二十人もいた世話人たちがどんどんいなくなり、加藤ひとりになり、浜空会の世話人代表を務めるようになった。こうした活動を支えているもの、それは戦争をもう二度と起こしてはいけないという信念である。

戦争の何がいけないかって、若い人の命を奪っていることです。あの戦争で、特攻として死んでいったのはほとんど十八歳から二十三歳位までの若い人ばかりです。若い人を死なせてしまう、戦争はやっちゃいけないんです。国のためにほんとうに役に立つべき人が死んでいったのですよ。あの戦争で。負けるのがわかったあとじゃないですか。特攻がひどくなったのは。負けるのがわかっていて何故特攻をさせたんでしょうか。

戦後になって横須賀にアメリカの空母ミッドウェーが来て、内部を公開するっていうんで、仲間と一緒に見に行ったことがあります。見てびっくりしましたよね。こんな頑丈なつくりをした空母にぶつかって沈めようなんて、どれだけ無謀な話かってことです。そして思いましたよ。アメリカは人間の命を大事にしているなって。日本の「回天」や「震洋」、赤トンボ、みんな華奢なつくりですよね。我々だって特攻で行ったときは二五〇キロの爆弾二基をピアノ線で結んであっただけ。突撃するときそれを切れということです。どうせ死ぬからいいだろうということなんでしょう。私は戦争をまたおこさないためにも、生きているうちは自分の実体験の話を語り続けたいと思っています。それが生き延びた私の使命です。

浜空会をひとりで支えることになった加藤亀雄だが、なんとか会を存続させたいと思っている。加藤は浜空会に寄せる思いをこう語った。

神社を雷《いかづち》神社に移転させることができたのでほっとしていますが、社殿の跡に建てた「鎮魂」の碑があるかぎりは慰霊祭だけでもなんとか続けてやってもらえないかと思っています。いまは事務局の加藤郁夫さんが手伝ってくれているのでとても助かっています。彼に事務的なことをやってもらって、自分は生きている限り浜空会のことを守っていきたいと思っています。

海軍の血を引く海上自衛隊あたりに引き継いでもらいたいと思って、相談したんですけどね、いろいろ事情があるようで引き受けてもらえないんです。誰の土地の上にあの碑があるのかだとか、横浜市の書類を見せてくれとかね。市でもなかなか相談に乗ってくれない、もともとあそこの土地は大蔵省の管轄だとかね。

六年前に前立腺ガンをやり、いまはホルモン治療でなんとかなっていますが、今度は心臓の具合が良くないんで、大変なんだけど、このことはなんとかしたいと思っています。

エピローグ　大掃除と慰霊祭

掃除の達人

平成二十九年（二〇一七）十二月三十日朝、浜空会の皆さんと知り合ってから三年目となるこの日、聞いていた集合時間より前に鎮魂の碑にやって来て掃除をはじめた。ここの掃除をするようになってから二年になる。

最初にここで浜空会の皆さんと杯を交わした平成二十七年十二月三十日から数週間後、ジョギング中に通りかかると、あの日コップを差し出してくれたSが掃除をしていた。ちょっと挨拶をと思って、「おはようございます。お疲れさまです」と声をかけると、Sは竹箒が置いてあるところから一本の竹箒をとりだし、黙って差し出した。一緒に杯を交わした時、ちょっと飲んでいたのではっきりと覚えていないのだが、これから掃除を手伝いたいと言ったような気がする。だからSは箒を渡してくれたのだろう。私はそれを受け取って、なれない手つきでおもむろに砂利道を掃き始めた。

この日から私は一か月に一度か二度、Sと一緒に掃除をすることになった。Sは掃除の合間、草むらにゆっくりと腰をおろして、美味しそうにたばこをくゆらせる。このとき私も一緒に座っていろいろ話をすることになった。世間話がほとんどだったが、冬になるとこの近くの林に緋連雀という鳥がやってきて、宿り木に集まってくるとか、掃除をしているとなにか気配を感じ

掃除するS

ることがあるとか、掃除しているときにここにやってくる人たちの話とかをぼそぼそと語ってくれた。ある日どうしてここの掃除をするようになったのか聞いてみた。

　この辺りをよく散歩していたんですよ。ここを掃除している人たちがいるのが、ちょっと気になりました。少し経つと、明らかに掃除する人が減り始めました。みなさん、お年寄りばかりなので、これは減る一方だろうな、下手すると誰もいなくなるんじゃないかって思っていたら、やっぱり誰もいなくなっちゃった。それじゃということで掃除をするようになったんです。

Sは毎週土曜日八時から掃除をしていた。私もその時間に合わせて、月に一度か二度掃除を手伝うのが習慣になっていた。玉砂利の道を掃くのはなかなか大変だった。どうしても落ち葉と一緒に砂利も掃いてしまうのだが、Sの掃除は完璧だった。砂利の上の落ち葉だけをきれいに掃き取っていった。

平成二十八年十二月三十日の大掃除の時も、Sは二、三日前から念入りに掃除をしてくれていた。そして平成二十九年四月の慰霊祭の時もSは一週間前から掃除をし、旧参道のところも碑の周りもすみずみまできれいにしてくれた。しかし何故か慰霊祭のあとSの姿はぱったり消えてしまう。なにがあったのかわからない。事務局の加藤郁夫が電話をしても「現在この電話は使われていません」というアナウンスが流れるだけだという。

このあと私がひとりで掃除をすることになった。Sがあの時竹箒を渡してくれたのは、俺のあとはお前に任すぞということだったのかもしれない。

父が導いた浜空神社

掃除がほぼ終わろうかというときに、浜空会事務局加藤郁夫がやって来た。加藤郁夫もまた不思議な縁で浜空に呼び寄せられたひとりだった。加藤郁夫は浜空会と関わりあうことになった経緯をこう語った。

平成十七年（二〇〇五）に父親が癌で手術をすることになったのですが、実家は奈良なのでなかなか見舞いにも行けないので、どこかの神社に願掛けをしようということになったのです。父は予科練出身で、館山で通信をやっていました。それでできれば海軍関係の神社がいいかと思ってネットで検索していたら、浜空神社を見つけ、すぐに行きました。

当時は立派な鳥居がありました。毎週一回来て願掛けをするようになりました。父は無事完治し、平成十八年四月に退院しました。それでお礼をかねてということで、月に一回ぐらいお参りに行くようになりました。

四月の第一日曜日にお参りにいったら、ちょうど慰霊祭をやっているところでした。ちょっと覗いていたら声をかけられ、どうしてここに来たのかを尋ねられたので、理由を話すと、ぜひ仲間に入れと言われ、この年八月の慰霊祭から参加するようになりました。とにかく回りはお年寄りばかり、自分が一番若い。手伝っているうちに世話人になれという話になってしまったのです。

加藤亀雄が最も信頼を寄せる加藤郁夫は、四月の慰霊祭の案内や受付など事務的な仕事一切をこなしている。

最後の正月飾り

平成二十九年（二〇一七）十二月三十日、やって来た加藤郁夫は、昨日加藤亀雄に電話をしたところ、「あまり身体の具合が良くないが、飾りを持っていく」と言っていたと話した。

このあと、鎮魂の碑を拭き始めた。

しばらくして、まもなく九十一歳になる加藤亀雄がやって来た。運んできた正月飾りを私と加藤郁夫が碑のところに運び終わったのを見て、加藤亀雄はゆっくりと話しだした。

「今日で大掃除と正月飾りを最後にしたいと思います。来年四月の慰霊祭までは会長（世話人代表）をやります。でもそれ以上は無理です。実は先月心臓の調子が悪くて病院にいったら、いつ心臓が止まっても不思議はないと言われました。僕はいつ死んでもおかしくないと思っていますし、それはいいんです。ただ子どもたちに心配かけないようにするために、これからは毎朝電話するように言われました。

大掃除と、正月飾りをしなくても誰も文句を言う人はいないと思うんです。みなさんだって年末の忙しいときに、わざわざ時間をとってもらって大変だと思います。今回で終わりにしましょう。」

私と加藤郁夫はこの話を黙って聞いていた。お互いに顔を見つめ合いながら、頷くしかなかっ

正月飾りをした「鎮魂　海軍飛行艇隊」碑

た。浜空会の大きな行事は四月の慰霊祭、ツラギが玉砕した八月の慰霊祭、そして年末の大掃除であったが、八月の慰霊祭は暑い中での行事で、会員の高齢化にともない、ずいぶん前になくなっていた。

そしていま会長の口から年末のこの行事もこの日をもって終わることが告げられたのだ。大掃除の日に浜空会の皆さんと初めて知り合い、その最後に立ち会うことになった。この日は恒例の一杯飲む会もなく、正月飾りをしたあと、そのまま解散となった。三年前には加藤会長を除いて、四人が参加していたが、この日集まったのは私と加藤郁夫だけになっていた。

このまま会はなくなっていくのだろうか。

浜空を伝える

ツラギから奇跡的に生還した宮川政一郎や桜井甚助、ツラギで亡くなった戦友の家族を訪ね歩いた石毛幹一、米軍から返還されたかつての浜空跡の様子を記録に残した本間猛や金子英郎、富岡空襲で亡くなった人たちのために供養碑を建立した慶珊寺住職佐伯隆定、そして特攻帰りとして戦争の悲惨さを伝えていこうとしている加藤亀雄、その他にも浜空のことを伝えようとした人たちの思いを、ここで絶やすわけにはいかない。そんな思いがふくらんできた。どうにかしてこの思いをつなぐことはできないのだろうか。

平成三十年（二〇一八）一月十六日、私は正月飾りを片づけるため、いつものように掃除を始めた。鎮魂の碑があるところに「桜の由来」と彫られた碑が建っている。

この桜は昭和十一年十月に横浜海軍航空隊がこの地に開隊されたとき隊員の手で植樹され大切に育てられたものである。

年々歳々花変らねど
征きて還らぬ戦友多かりき

桜の木も老齢化が進み、かつてはしめなわ桜と呼ばれた大木の中には、しめなわのように見えた太い幹が朽ちてしまっているものもある。それでもこの苗木を植えた人たちがいたことを伝えることはできるのではないだろうか。

この碑の隣に建っている「浜空神社の由来」の碑に彫られた文の最後にはこうある。

富岡のこの地はかくの如き誇りある海軍飛行艇部隊発祥の歴史をもっているのである。
この事実を永く後世に語り継がんが為ここに記念碑を建立する次第である

昭和六十三年一月

海軍飛行艇会　建之

浜空がここにあったこと、そしてこの部隊に関わった人たちの思いを、自分たちが伝えていかないといけないのではないか。戦争を知らない世代に属する私たちであるが、鎮魂の碑をこのまま落ち葉の中に埋もれさせ、朽ちさせてはいけない。なんとか伝えるために自分ができることもあるのではないだろうか。

このとき加藤郁夫と相談してみようと思い立った。慰霊祭や年末の大掃除のとき、浜空会の人たちの話を聞いて、加藤郁夫がこんなことを言っているのを思い出したのだ。

皆さんがおっしゃっていたことは、自分たちが生き残ってしまったことは、若くして亡くなった人たちに申し訳ないということなんです。だから毎回慰霊に来ているんですね。だからこそ戦争を二度とおこしてはいけない、そして戦争があったことを忘れてはいけないという思いなんですよ。その思いを伝えていかなくてはならない。

加藤郁夫に浜空会のことで会って話をしたいとメールを送った。そして二週間後に加藤と会った。浜空会がなくなっても、なんとか私たちで浜空を伝える会のようなものを続けられないかと切り出した。私の話にひとつひとつ頷きながら聞いていた加藤は、「やりたいですね」と即座に答えた。

行きがかりで浜空に関わってしまったふたりだが、少しずつ関わっていくうちにいままで語り継がれてきたことの重みを知るようになった。そして、もしかしたらこのことを伝えられるのは自分たち以外にいないという思いを強くしていたのだと思う。

加藤亀雄が願っているように、四月の慰霊祭を続けていくこと、そして「鎮魂」と彫られた慰霊碑のある場所が落ち葉で埋もれないよう掃除を続けること、これをまずはやっていきたい。そしてそれを続けていくために、地域の人たちと手を携えていくことができないかと思っている。

「浜空鎮魂の碑」慰霊祭　平成30年（2018）4月1日

浜空基地があったこと、富岡空襲があったことを知らない人たちにも、慰霊祭に参加できるようにしていきたい。たとえ正月飾りはできなくても、年末の大掃除も続けていきたい。

掃除が終わったあと、テーブルを並べて酒は酌み交わさなくてもいいから、お茶を飲みながら、こんなことがあったんだということを、語り合える場をつくりたい。そうしたことを積み重ねるなかで、浜空への思いをつないでいけるのではないだろうか。

今年の慰霊祭

平成三十年（二〇一八）四月一日、晴天に恵まれた富岡総合公園には大勢の花見客が訪れていた。この日、公園内の浜空神社跡地で「浜空鎮魂の碑」慰霊祭が行われていた。朝から浜空会事務局を務める加藤郁夫をはじめ、何人かで会場設営などの準備が進められ、十一時から慰霊祭が始まった。

慰霊祭は浜空神社の遷座先である雷神社から招かれた秋山宮司のもと、厳かに執り行われた。式には浜空会関係者、遺族、横須賀水交会会員や海上自衛官など総勢三十名ほどが参列していた。式のあと、隣接する草地に場所を移して、満開の桜に囲まれながら、和やかな雰囲気の中、懇親会が始まった。来賓の挨拶、献杯などに続き、加藤亀雄が挨拶に立った。

加藤はまず、参列者にお礼を述べてから最近の活動などについて語った。そのなかで、慰霊碑の建つ一角は浜空神社が移転した後も浜空会が使用しているが、今後のためにその権利などについて、はっきりさせておきたいという話があった。加藤は横浜市や関東財務局などの関係機関をひとりで訪ねているとのことである。

「私も九十一歳になりました。だいぶくたびれてきています」などと語りながらも、「私は元浜空隊員ではありません。そして下っ端の一等兵曹であります。でも、先輩たちがいなくなってしまったので、何とかできることをやっています。本日はご多用の中ありがとうございました」と挨拶を締めくくった。

加藤亀雄にとってこの挨拶は、自分は命のある限り、この慰霊祭のため、そしてこの慰霊祭が行われているこの場所のため、努力を続けるというひとつの意思表示であるように思えた。

浜空のことを伝えたいというその思いを、浜空隊員ではない加藤は受け継ぎ、いままでやってきて、このあとも続けていこうとしている。今度は私たちが、この意志を受け継ぐ番だろう。私も事務局の加藤郁夫も戦争を知らない子どもたちと言われた世代のひとりである。戦争は知らないが、戦争があったことは知っている私たちが、これから伝えていく相手は、戦争があったことさえ知らない世代といってもいいだろう。

ここまで伝えられた思いを、どれだけ伝えられるかはわからない。それでも私たちは伝えていかなくてはならない。それが浜空のことを伝えようとした人たちの思いを受け継いだ私たちの義務なのだと思う。こんどは私たちが伝えていく番なのだ。

あとがき

五月のさわやかな陽光が、浜空神社跡のこんもりした木立からさしこんでいた。前夜本稿を脱稿した私は、やっと書き終えたという余韻を持って、またここに来ていた。いつものように鎮魂碑の前で手をあわせたあと、いつものように竹箒を持って、砂利道を掃きはじめた。砂利道がサクサクという小気味のいい音を奏でるなか、ときおり鳥たちの囀りが聞こえてくる。しんしんと心の底に響いてくるようなこんな静寂のなかにいると、ここでは時間の流れが停まっている、そんな気がしてくる。いままでこんな佇まいから、聞こえてくる声に耳を傾けてきたような気がする。ここで聞こえてきたもの、それが浜空を語り継ごうとした人たちの声だったと思う。

掃除を終えて、家までの帰り道、富岡総合公園の一画にある広場を通った時だった。紙飛行機が青空をゆっくりと円を描きながら飛んでいるのが目に入った。小さな紙飛行機が、ゆっくりと飛ぶ姿にしばしみとれていた。旧格納庫が残る神奈川県警第一機動隊から二〇〇メートルほどのところにあるこの広場には、週末になると、それぞれ自分がつくった紙飛行機を持った人たちが集まってくる。戦争が終わって七十年経ってもまだ富岡には飛行場があった、そんなことを思いながら、紙飛行機の行方を目で追った。なんと平和な光景であろうと思う。青空にちいさな円を描く紙飛行機は戦場に向かうことはない、それがとても大事なことのように思えてならなかった。紙飛行機を飛ばしあって楽しむ、こんな平和なひとときを私たちは守っていかなくてはならない。それが浜空のことを語り継いできた人たちの思いではないだろうか。

本書を書くにあたって、貴重な話を聞かせていただいた元浜空隊員石毛幹一さん、そして浜空会世話人代表の加藤亀雄さん、慶珊寺住職佐伯隆定さん、日本・ソロモン協会理事嬉昌夫さんに心より御礼申し上げます。浜空会事務局長加藤郁夫さんにもたくさんの資料をご提供いただきました。また浜空を長年に渡って調査してこられた葛城峻さんは、貴重な調査資料を快く提供していただきました。ありがとうございました。

三十年以上住んでいる横浜市金沢区富岡にちなんだ本が、四十年にわたるサラリーマン生活に終止符を打ってから世に出ることになった。私にとっては、ひとつの区切りとなる思い出深い本になった。

参考文献

防衛研修所戦史室『戦史叢書　中部太平洋方面海軍作戦　1』朝雲新聞社　昭和四十五年（一九七〇）
防衛研修所戦史室『戦史叢書　中部太平洋方面海軍作戦　2』朝雲新聞社　昭和四十八年（一九七三）
宇垣纏『戦藻録』原書房　昭和四十三年（一九六八）
桑田悦・前原透編著『日本の戦争―図解とデータ―』原書房　一九八二年
田中宏巳『横須賀鎮守府』有隣新書　二〇一七年
栗田尚弥編著『米軍基地と神奈川』有隣新書　二〇一一年
第二十五航空戦隊司令部「基地航空部隊第五空襲部隊戦闘詳報第七号」
横浜海軍航空隊浜空会編『海軍飛行艇の戦記と記録』昭和五十一年（一九七六）
浜空会編『しめなわ』第9号　平成十二年（二〇〇〇）四月、第10号　平成十二年（二〇〇〇）八月、
　第27号　平成十六年（二〇〇四）四月
横浜海軍航空隊雷爆会・浜空会編『貫義』第2号　昭和六十年（一九八五）

浜空会『懐かしの浜空を尋ねて』（アルバム）
浜空会『旧横浜海軍航空隊跡調査書』（ノート）
葛城峻『鎮魂　横浜海軍航空隊―根岸湾が飛行艇の海だったころ―』（資料集）二〇一六年
『鎮魂　横浜海軍航空隊…横須賀から吹いた風』（資料集）二〇一七年
『横浜南部の戦争遺跡』（資料集）二〇一五年
『やぶにらみ磯子郷土誌　郷土史講座資料』磯子区郷土研究ネットワーク　二〇一五年
佐伯隆定『武州富岡史話』慶珊寺　平成二十五年（二〇一三）
桜井甚作『地獄からの生還―ガダルカナル戦かく生き抜く―』豆の木工房、一九九三年
井元正章『碧空を往く―一海軍飛行下士官の戦中日誌―』井元正章遺稿刊行会　平成八年（一九九六）
長峯五郎『二式大艇空戦記―海軍八〇一空搭乗員の死闘―（新装版）』光人社NF文庫　二〇〇七年
日辻常雄『最後の飛行艇―海軍飛行艇栄光の記録―』光人社NF文庫　二〇一三年
北出大太『奇蹟の飛行艇―大空に生きた勇者の記録―（新装版）』光人社NF文庫　二〇〇五年
佐々木孝輔ほか『翔べ！空の巡洋艦「二式大艇」―巨人飛行艇隊員たちの知られざる戦い―』光人社NF文庫　二〇一六年

本間猛『予科練の空―かかる同期の桜ありき―』光人社NF文庫　二〇〇二年
碇義朗『二式大艇―精鋭、海軍飛行艇』サンケイ出版（第二次世界大戦ブックス）　昭和四十八年（一九七三）
亀井宏『ガダルカナル戦記〈第一巻〉』光人社NF文庫　一九九四年
吉村昭『海軍乙事件（新装版）』文春文庫　二〇〇七年
池波正太郎『青春忘れもの』新潮文庫　二〇一一年
『作家の四季　未刊行エッセイ集5』（「桜花と私」収録）講談社　二〇〇三年

カバー画像「二式大艇故郷の空に」の制作者にお心当たりのある方は、編集部までお知らせいただければ幸いです。

語り継ぐ横浜海軍航空隊
平成三十年（二〇一八）十月十日　第一刷発行
著者　大島幹雄

発行者――松信　裕
発行所――株式会社　有隣堂
本　社　横浜市中区伊勢佐木町一―四―一　郵便番号二三一―八六二三
出版部　横浜市戸塚区品濃町八八一―一六　郵便番号二四四―八五八五
電話〇四五―八二五―五五六三
印刷――図書印刷株式会社

ISBN978-4-89660-228-9 C0221

定価はカバーに表示してあります。
落丁・乱丁はお取り替えいたします。

デザイン原案＝村上善男

有隣新書刊行のことば

国土がせまく人口の多いわが国においては、近来、交通、情報伝達手段がめざましく発達したためもあって、地方の人々の中央志向の傾向がますます強まっている。その結果、特色ある地方文化は、急速に浸蝕され、文化の均質化がいちじるしく進みつつある。その及ぶところ、生活意識、生活様式のみにとどまらず、政治、経済、社会、文化などのすべての分野で中央集権化が進み、生活の基盤であるはずの地域社会における連帯感が日に日に薄れ、孤独感が深まって行く。われわれは、このような状況のもとでこそ、社会の基礎的単位であるコミュニティの果たすべき役割を再認識するとともに、豊かで多様性に富む地方文化の維持発展に努めたいと思う。

古来の相模、武蔵の地を占める神奈川県は、中世にあっては、鎌倉が幕府政治の中心地となり、近代においては、横浜が開港場として西洋文化の窓口となるなど、日本史の流れの中でかずかずのスポットライトを浴びた。

有隣新書は、これらの個々の歴史的事象や、人間と自然とのかかわり合い、ときには、現代の地域社会が直面しつつある諸問題をとりあげながらも、広く全国的視野、普遍的観点から、時流におもねることなく地道に考え直し、人知の新しい地平線を望もうとする読者に日々の糧を贈ることを目的として企画された。

古人も言った、「徳は孤ならず必ず隣有り」と。有隣堂の社名は、この聖賢の言葉に由来する。われわれは、著者と読者の間に新しい知的チャンネルの生まれることを信じて、この辞句を冠した新書を刊行する。

一九七六年七月十日

有　隣　堂